33293025941602

La Météo

Éditeur	Jacques Fortin
Directeur éditorial	François Fortin
Rédacteur en chef	Serge D'Amico
Illustrateur en chef	Marc Lalumière
Directrice artistique	Rielle Lévesque
Designer graphique	Anne Tremblay
Rédacteurs	Stéphane Batigne
	Josée Bourbonnière
	Nathalie Fredette
	Agence Science-Presse
Illustrateurs	Jean-Yves Ahern
	Maxime Bigras
	Patrice Blais
	Yan Bohler
	Mélanie Boivin
	Charles Campeau
	Jocelyn Gardner
	Jonathan Jacques
	Alain Lemire
	Raymond Martin
	Nicolas Oroc
	Carl Pelletier
	Simon Pelletier
	Frédérick Simard
	Mamadou Togola
	Yan Tremblay
Documentalistes-recherchistes	Anne-Marie Brault
	Jessie Daigle
	Anne-Marie Villeneuve
	Kathleen Wynd
Réviseure-correctrice	Diane Martin
Responsable de la production	Mac Thien Nguyen Hoang
	Guylaine Houle
Technicien en préimpression	Tony O'Riley

Graphistes	Véronique Boisvert
	Lucie Mc Brearty
	Geneviève Théroux Béliveau
Consultants	Gilles Brien
	Yves Comeau
	Frédéric Fabry
	David B. Frost
	Mario Laquerre
	Marc Olivier
	Judith Patterson

Données de catalogage avant publication (Canada)

Vedette principale au titre :

La météo : climats, phénomènes atmosphériques, environnement

(Les guides de la connaissance ; 3)
Comprend un index.

ISBN 2-7644-0803-X

1. Climatologie - Encyclopédies. 2. Climat - Encyclopédies. 3. Météorologie - Encyclopédies. 4. Environnement - Encyclopédies 5. Pollution - Encyclopédies. I. Collection.

QC854.M47 2001   551.6'03   C2001-940321-6

 La Météo fut conçu et créé par **QA International**, une division de Les Éditions Québec Amérique inc., 329, rue de la Commune Ouest, 3ᵉ étage
Montréal (Québec) H2Y 2E1 Canada
T 514.499.3000 **F** 514.499.3010

©2001 Éditions Québec Amérique inc., tous droits réservés.

Il est interdit de reproduire ou d'utiliser le contenu de cet ouvrage, sous quelque forme et par quelque moyen que ce soit - reproduction électronique ou mécanique, y compris la photocopie et l'enregistrement - sans la permission écrite de l'éditeur.

Nous reconnaissons l'aide financière du gouvernement du Canada par l'entremise du Programme d'aide au développement de l'industrie de l'édition (PADIÉ) pour nos activités d'édition.

Les Éditions Québec Amérique tiennent également à remercier les organismes suivants pour leur appui financier :

Imprimé et relié en Slovaquie.
10 9 8 7 6 5 4 3 2   07 06 05 04 03
www.quebec-amerique.com

La Météo

Comprendre le climat et l'environnement

QUÉBEC AMÉRIQUE

Table des

46	Vie et mort d'un cyclone		
44	L'intérieur d'un cyclone		
42	La naissance d'un cyclone		
40	Éclairs et tonnerre		
38	Les orages	80	Les conséquences de El Niño et de La Niña
37	Les arcs-en-ciel		
36	La rosée et le brouillard	78	El Niño et La Niña
34	Les types de précipitations	76	Les climats tempérés
32	Les précipitations	74	Les climats polaires
30	Reconnaître les nuages	72	Les climats tropicaux
28	Les nuages	70	Les climats désertiques
26	L'humidité	68	Les climats du monde
		66	Le cycle des saisons

6 | L'atmosphère terrestre **24 | Les précipitations** **48 | La météorologie** **64 | Les climats**

8	L'atmosphère	50	Les instruments de mesure
10	La pression atmosphérique	52	Mesurer la température
12	Les mouvements des masses d'air	54	Ballons et radars
14	Les vents	56	Les satellites géostationnaires
16	Les vents dominants	58	Les satellites à défilement
18	Les vents locaux	60	Les cartes météorologiques
20	Les tornades	62	Lire une carte météo
22	La puissance des tornades		

matières

82 | L'environnement

- 84 La biosphère
- 86 Les écosystèmes
- 88 Le sol
- 90 Le cycle de l'eau
- 92 Les cycles du carbone et de l'oxygène
- 94 Les cycles du phosphore et de l'azote
- 96 L'effet de serre
- 98 Le réchauffement global
- 100 La couche d'ozone
- 102 Les sources de la pollution atmosphérique
- 104 Les effets de la pollution atmosphérique
- 106 Les pluies acides
- 108 Les sources de la pollution de l'eau
- 110 La pollution de l'eau
- 112 Le traitement des eaux usées
- 114 La pollution des sols
- 116 La désertification
- 118 Les déchets nucléaires
- 119 La pollution des chaînes alimentaires
- 120 Le tri sélectif des déchets
- 122 Le recyclage

124 | Glossaire

126 | Index

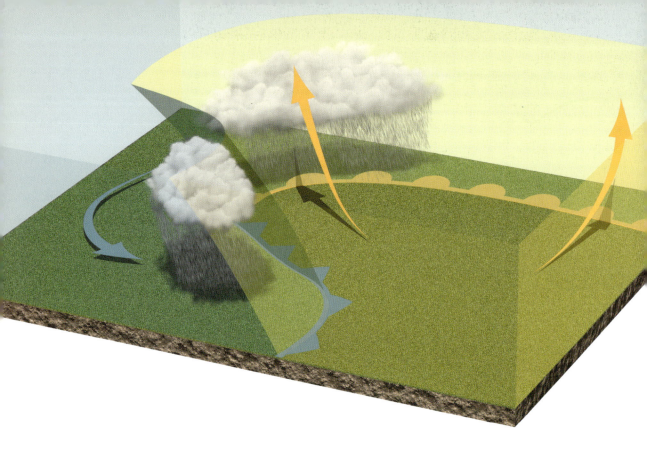

L'air que nous respirons provient d'une mince couche gazeuse qui enveloppe la Terre et la protège de certains rayonnements solaires : l'atmosphère. Comme toutes les autres matières, l'air a un poids, mais ce poids varie grandement selon l'altitude et la température. Ce sont ces variations de pression qui engendrent les mouvements atmosphériques : les masses d'air se déplacent, se heurtent et s'enroulent les unes autour des autres. Légers ou violents, constants ou imprévisibles, les vents participent tous à **l'équilibre thermique de la planète**.

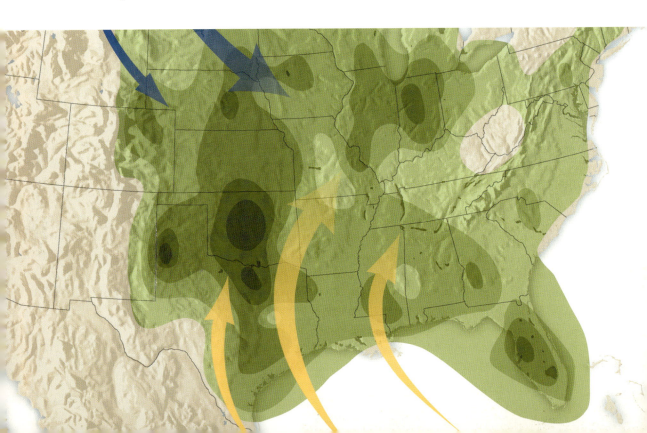

L'atmosphère terrestre

8 **L'atmosphère**
Une mince couche protectrice

10 **La pression atmosphérique**
Le poids de l'air

12 **Les mouvements des masses d'air**
Fronts et dépressions

14 **Les vents**
La circulation atmosphérique

16 **Les vents dominants**
Les grands déplacements atmosphériques

18 **Les vents locaux**
Tributaires du relief

20 **Les tornades**
Les vents les plus violents sur Terre

22 **La puissance des tornades**
Des tourbillons meurtriers

L'atmosphère
Une mince couche protectrice

L'atmosphère, qui désigne l'enveloppe gazeuse entourant la Terre, n'a pas de limites bien définies. La moitié des molécules d'air se concentrent dans une très mince couche de 5 km d'épaisseur, mais on en observe encore des traces à plus de 1 000 km d'altitude. Par leurs fonctions protectrices, les différentes couches de l'atmosphère jouent un rôle primordial dans l'existence de la vie sur Terre. Elles sont aussi le siège de tous les grands phénomènes météorologiques.

LA COMPOSITION DE L'AIR

Quelle que soit l'altitude, la composition de l'atmosphère demeure étonnamment stable : elle est principalement composée d'azote et d'oxygène, qui représentent 99 % de son volume. D'autres gaz, comme l'argon ou le néon, entrent aussi dans la composition de l'air, mais en quantités beaucoup plus faibles. Quant à la vapeur d'eau et au gaz carbonique, ils apparaissent en proportions variables mais toujours infimes.

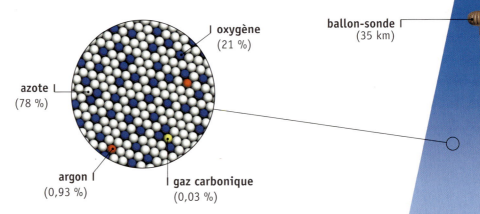

oxygène (21 %)
azote (78 %)
argon (0,93 %)
gaz carbonique (0,03 %)
ballon-sonde (35 km)
avion supersonique (18 000 m)
avion de ligne (11 000 m)
mont Everest (8 848 m)

L'ÉNERGIE SOLAIRE

Des réactions de fusion nucléaire entretiennent une température de 15 millions de degrés au centre du Soleil. Constamment diffusée dans l'espace sous forme de rayonnement électromagnétique, cette énergie considérable chauffe la surface de la Terre et permet à la vie de s'y développer.

Le **rayonnement solaire** couvre tout le spectre électromagnétique.

L'**atmosphère** réfléchit 30 % des rayonnements solaires.

La **mésosphère** (50 à 80 km) est la couche la plus froide de l'atmosphère. À sa limite supérieure, la température descend jusqu'à -100 °C.

50 km

LES COUCHES DE L'ATMOSPHÈRE

L'atmosphère terrestre est constituée de plusieurs couches successives. Les étages les plus bas (troposphère, stratosphère, mésosphère) ont une composition relativement homogène mais une température très variable. Dans la thermosphère (80 à 500 km d'altitude), la température augmente considérablement, car le rayonnement solaire y est largement absorbé. Au-delà s'étend l'exosphère, une zone où les rares molécules d'air qui subsistent échappent à la gravité terrestre.

Très basse au-dessus de la tropopause (-57 °C), la température de la **stratosphère** (15 à 50 km) augmente jusqu'à 0 °C en raison de l'absorption du rayonnement solaire par l'ozone stratosphérique.

Située principalement entre 20 et 30 km d'altitude, la **couche d'ozone** intercepte une grande partie des rayons ultraviolets dirigés vers la Terre.

La **tropopause** correspond à la limite entre la troposphère et la stratosphère. Son altitude varie selon les saisons, la température à la surface du sol, la latitude et la pression atmosphérique.

15 km

Le sommet des **cumulo-nimbus** peut atteindre et même dépasser la limite de la troposphère.

Le **ciel** est bleu, car les molécules d'air diffusent surtout les radiations de courte longueur d'onde, correspondant à la couleur bleue du spectre visible.

La plupart des phénomènes météorologiques se produisent dans la **troposphère** (0 à 15 km), seule partie de l'atmosphère qui contient de la vapeur d'eau.

Au **niveau de la mer**, la température moyenne de l'atmosphère est de 15 °C.

L'atmosphère terrestre

La pression atmosphérique
Le poids de l'air

Parce qu'elles obéissent à la gravité terrestre, les molécules gazeuses qui composent l'atmosphère possèdent un certain poids, que nous subissons constamment sans en avoir conscience. La pression atmosphérique correspond à la force qu'exerce l'air en pesant sur une surface donnée. Au niveau de la mer, cette pression équivaut en moyenne à 1 013 hPa, c'est-à-dire à 1,013 kg par cm^2.

Plusieurs facteurs, comme l'altitude et la température, peuvent faire varier la pression atmosphérique et ainsi créer des zones de haute ou de basse pression. Ces variations sont directement liées aux principaux phénomènes météorologiques.

COMMENT MESURER LA PRESSION

Le baromètre à mercure sert à mesurer la pression atmosphérique. L'air pèse sur le mercure contenu dans une cuve et le force ainsi à monter dans un tube à l'intérieur duquel on a fait le vide. Le niveau atteint par le mercure permet d'évaluer la pression exercée par l'air.

Pendant longtemps, la hauteur du mercure a constitué l'unité de mesure de la pression atmosphérique. Le système international utilise aujourd'hui l'hectopascal (hPa) : 1 000 hPa équivalent à la pression qu'exerce une masse de 1 kg sur une surface de 1 cm^2.

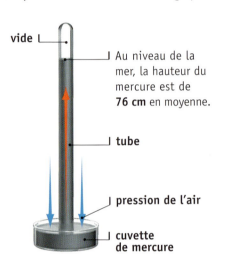

vide

Au niveau de la mer, la hauteur du mercure est de **76 cm** en moyenne.

tube

pression de l'air

cuvette de mercure

L'INFLUENCE DE L'ALTITUDE SUR LA PRESSION ATMOSPHÉRIQUE

Plus on s'élève, moins la quantité d'air qui nous surmonte est importante. La pression atmosphérique diminue donc avec l'altitude. Dans la troposphère, cette diminution est à peu près régulière : elle correspond environ à 1 hPa tous les 8,50 mètres.

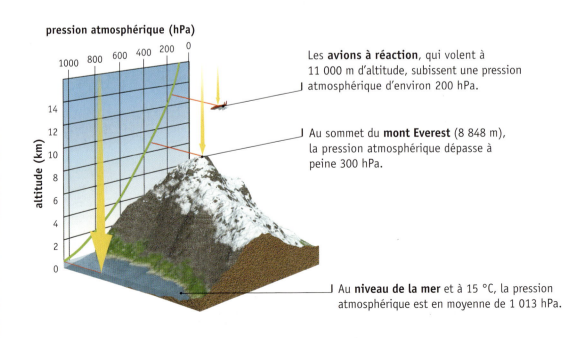

Les **avions à réaction**, qui volent à 11 000 m d'altitude, subissent une pression atmosphérique d'environ 200 hPa.

Au sommet du **mont Everest** (8 848 m), la pression atmosphérique dépasse à peine 300 hPa.

Au **niveau de la mer** et à 15 °C, la pression atmosphérique est en moyenne de 1 013 hPa.

COMMENT LA TEMPÉRATURE AGIT SUR LA PRESSION ATMOSPHÉRIQUE

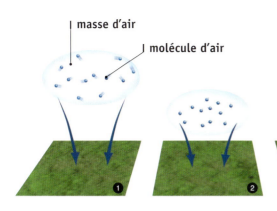

Lorsqu'une masse d'air se refroidit ❶, le mouvement des molécules qui la composent ralentit. La masse d'air se contracte, devient plus dense, donc plus lourde, et descend vers le sol ❷, où elle crée une zone de haute pression (anticyclone) ❸.

Le réchauffement de l'air de surface ❹ provoque l'effet contraire : les molécules s'agitent et s'éloignent les unes des autres, ce qui rend la masse d'air moins dense. Plus légère que l'air environnant, elle s'élève ❺ en laissant à la surface du sol une zone de basse pression (dépression) ❻.

LA RÉPARTITION DES ANTICYCLONES ET DES DÉPRESSIONS AUTOUR DU GLOBE

D'une manière générale, les anticyclones (zones de haute pression) et les dépressions (zones de basse pression) se succèdent autour de la Terre en larges bandes relativement parallèles. Cette répartition est cependant perturbée par la présence des continents, dont la masse accentue le réchauffement ou le refroidissement des masses d'air qui les survolent.

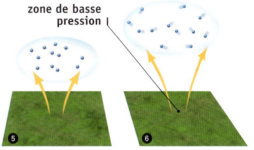

PRESSION ATMOSPHÉRIQUE (hPa)	
> 1032	1008 - 1014
1026 - 1032	1002 - 1008
1020 - 1026	996 - 1002
1014 - 1020	< 996

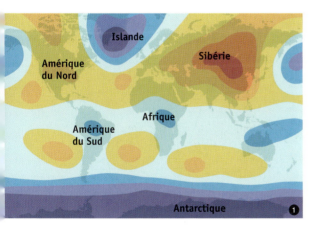

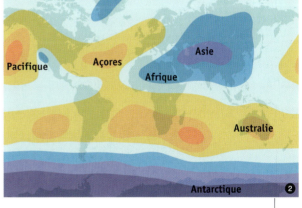

Au mois de **janvier** ❶, les continents de l'hémisphère Nord entretiennent de puissants anticyclones qui rivalisent avec les dépressions installées au nord des océans. Dans les régions équatoriales, l'air chaud s'élève et crée une ceinture de dépressions, particulièrement marquée au-dessus des continents. Dans l'hémisphère Sud, où les terres sont moins étendues, les anticyclones tropicaux sont confinés aux océans, tandis que les régions subpolaires sont aux prises avec les dépressions.

En **juillet** ❷, la chaleur qui règne sur l'Asie y maintient une très vaste zone de basse pression qui s'étend jusqu'en Afrique. Les océans de l'hémisphère Nord sont soumis à de hautes pressions (anticyclones des Açores et du Pacifique), mais les dépressions subpolaires ont presque disparu. Dans l'hémisphère Sud, une vaste ceinture anticyclonique est installée sur toutes les régions tropicales, qu'elles soient continentales ou océaniques. Quant à la zone de basse pression qui entoure l'Antarctique, elle varie peu.

Les mouvements des masses d'air

Fronts et dépressions

On appelle masse d'air un énorme volume atmosphérique ayant séjourné dans une région bien précise et qui en a acquis les caractéristiques climatiques. En se déplaçant au gré des vents, les masses d'air entrent en contact les unes avec les autres et contribuent ainsi à la distribution de l'humidité et de la chaleur à la surface du globe.

Lorsque deux masses d'air de température et d'humidité différentes se rencontrent, elles ne se mélangent pas ; elles s'affrontent le long d'une ligne appelée front. Cette rencontre engendre la formation de nuages et de précipitations.

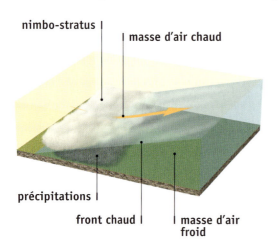

FRONT CHAUD

Lorsqu'en se déplaçant une masse d'air chaud rattrape une masse d'air froid, il se crée un front chaud. L'air chaud s'élève, car il est plus léger, puis il se refroidit en altitude. L'humidité qu'il contient se condense alors sous forme de nimbo-stratus. Cette configuration est souvent associée à des précipitations modérées.

FRONT FROID

Une masse d'air froid qui rattrape une masse d'air chaud produit un front froid. L'air froid, plus dense, se glisse sous l'air chaud, qui est obligé de s'élever rapidement en engendrant des cumulo-nimbus. De fortes précipitations, parfois accompagnées d'orages, se développent.

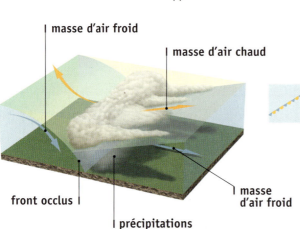

FRONT OCCLUS

Une occlusion (ou front occlus) survient lorsqu'un front froid rattrape un front chaud : deux masses d'air froid se rejoignent, enferment la masse d'air chaud et la rejettent en altitude.

LES MASSES D'AIR

Les masses d'air sont classées en six catégories, selon les caractéristiques climatiques (température et humidité) des lieux où elles ont pris naissance. En se déplaçant au gré des vents, elles influencent directement le temps des régions qu'elles survolent. Cependant, leurs caractéristiques se modifient peu à peu, au point de les rendre parfois méconnaissables.

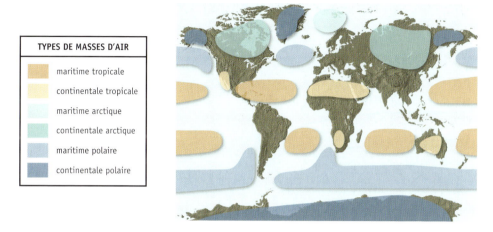

TYPES DE MASSES D'AIR
- maritime tropicale
- continentale tropicale
- maritime arctique
- continentale arctique
- maritime polaire
- continentale polaire

FORMATION ET DISSOLUTION D'UNE DÉPRESSION

Lorsque des masses d'air froid, issues des régions polaires, se heurtent à des masses d'air chaud provenant des tropiques, leur rencontre produit une ligne de front sur laquelle, en un point donné, la pression se met à tomber : une dépression est née. Nuages, précipitations et vents s'y développent jusqu'à la dissolution du phénomène.

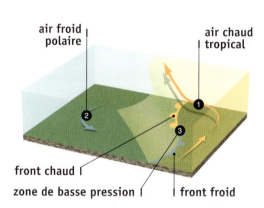

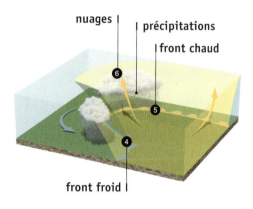

Plus léger, l'air chaud ❶ monte au-dessus de l'air froid ❷, ce qui crée une zone de basse pression ❸ autour de laquelle se développent des fronts chaud et froid.

Aspiré par les basses pressions, l'air froid amorce un mouvement giratoire. Le front froid ❹ se rapproche du front chaud ❺. En altitude, l'air chaud se condense et forme des nuages ❻ qui engendrent des précipitations.

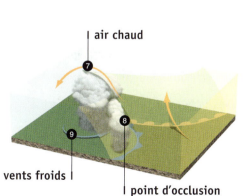

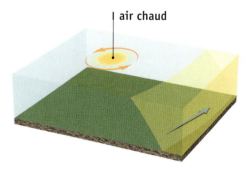

Lorsque le front froid rattrape le front chaud, l'air chaud ❼ est rejeté en altitude, au-dessus du point d'occlusion ❽. Le temps est instable et venteux ❾.

L'occlusion finit par couper l'arrivée d'air chaud. La dépression entre alors dans sa phase de dissolution : le vent tombe et les précipitations cessent.

Les vents

La circulation atmosphérique

L'atmosphère terrestre

La présence dans l'atmosphère de masses d'air de pressions différentes engendre des déplacements d'air : les vents. En s'écoulant des zones de haute pression vers les zones de basse pression, ces courants contribuent à établir un certain équilibre atmosphérique. Parce qu'ils entraînent avec eux la chaleur et l'humidité des masses d'air, ils jouent également un rôle primordial dans la plupart des phénomènes météorologiques.

LA VITESSE DES VENTS

Les isobares, qui relient les lieux de même pression atmosphérique sur une carte météorologique, mettent en évidence les anticyclones et les dépressions. En indiquant le gradient de pression (la différence de pression entre deux zones en fonction de leur distance), elles permettent aussi de connaître la vitesse des vents.

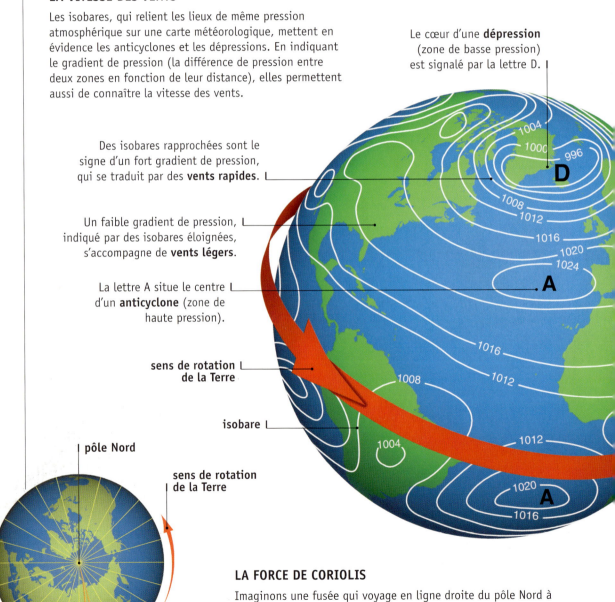

Le cœur d'une **dépression** (zone de basse pression) est signalé par la lettre D.

Des isobares rapprochées sont le signe d'un fort gradient de pression, qui se traduit par des **vents rapides**.

Un faible gradient de pression, indiqué par des isobares éloignées, s'accompagne de **vents légers**.

La lettre A situe le centre d'un **anticyclone** (zone de haute pression).

sens de rotation de la Terre

isobare

pôle Nord

sens de rotation de la Terre

trajectoire théorique

trajectoire réelle

LA FORCE DE CORIOLIS

Imaginons une fusée qui voyage en ligne droite du pôle Nord à l'équateur et qui parcourt cette distance en une heure. Puisque la Terre tourne sur elle-même à la vitesse de 15° par heure, la fusée aura dévié de 15° lorsqu'elle atterrira. Cette déviation, appelée force de Coriolis, agit sur tous les corps en mouvement autour de la Terre, y compris les vents. Elle tend à infléchir tout déplacement à droite de la cible visée dans l'hémisphère Nord (à gauche dans l'hémisphère Sud).

LA DIRECTION DES VENTS EN HAUTE ALTITUDE ET À LA SURFACE DU SOL

La direction que suivent les vents résulte de la combinaison de plusieurs forces. Le gradient de pression ❶ pousse l'air à se diriger en ligne droite d'une zone de haute pression vers une zone de basse pression. La force de Coriolis ❷ dévie ce mouvement vers la droite ou vers la gauche selon l'hémisphère. Lorsque rien n'empêche ces forces de s'exercer, comme c'est le cas en haute altitude, les vents ❸ tendent à souffler parallèlement aux isobares. Dans l'hémisphère Nord, ils tournent dans le sens horaire autour des anticyclones et dans le sens anti-horaire autour des dépressions.

Mais la Terre exerce elle-même une force de friction sur la très basse atmosphère : les couches d'air situées en dessous de 500 m d'altitude sont entraînées par le mouvement de la planète, ce qui diminue la force de Coriolis. Les vents de surface ❹ peuvent ainsi pénétrer jusqu'au cœur des dépressions.

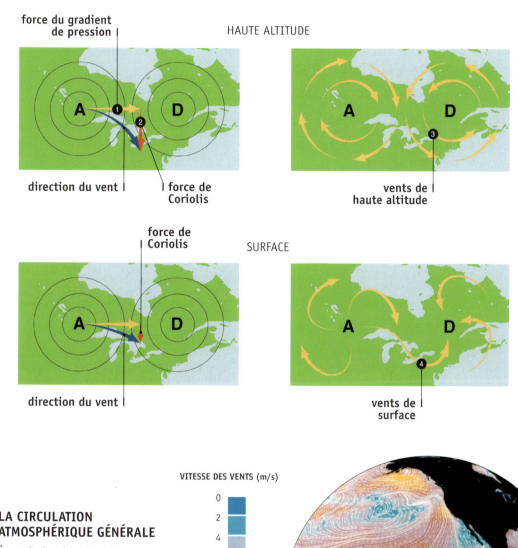

LA CIRCULATION ATMOSPHÉRIQUE GÉNÉRALE

À partir des données obtenues par les satellites météorologiques, des ordinateurs produisent des cartes simulant la circulation générale des vents dans l'atmosphère terrestre. Les flèches indiquent la direction des vents tandis que les zones de couleur signalent leur vitesse. Cette image montre les vents de surface au-dessus de l'océan Pacifique.

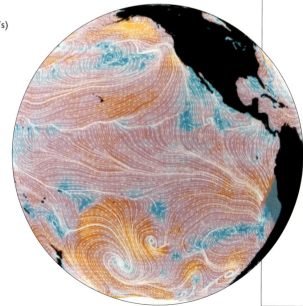

Les vents dominants
Les grands déplacements atmosphériques

À l'échelle planétaire, la circulation atmosphérique s'organise en grandes boucles qui combinent les mouvements verticaux et horizontaux des masses d'air. Remarquablement réguliers, ces circuits d'air sont à l'origine des vents dominants de surface, comme les alizés. À haute altitude, d'autres vents sont aussi constants dans leur direction : ce sont les courants-jets, qui ceinturent la planète à très grande vitesse.

LES CELLULES DE CIRCULATION D'AIR

Chaque hémisphère terrestre est entouré par trois boucles de circulation atmosphérique : la cellule polaire, la cellule de Ferrel et la cellule de Hadley. Ces boucles sont régies par des mouvements ascendants et descendants, ainsi que par des déplacements horizontaux dus au gradient de pression et à la force de Coriolis. Dans chaque circuit, l'air chaud monte, se déplace en altitude, redescend lorsqu'il s'est refroidi, puis se réchauffe de nouveau lorsqu'il se déplace en surface selon une direction invariable.

Les hautes pressions qui règnent sur les pôles expulsent l'air de surface. Celui-ci se réchauffe progressivement et s'élève lorsqu'il parvient à 60° de latitude environ. En rejoignant le pôle, l'air d'altitude se refroidit de nouveau et redescend. Cette boucle de circulation, nommée **cellule polaire**, est dominée par des vents de surface secs et froids qui soufflent vers l'ouest.

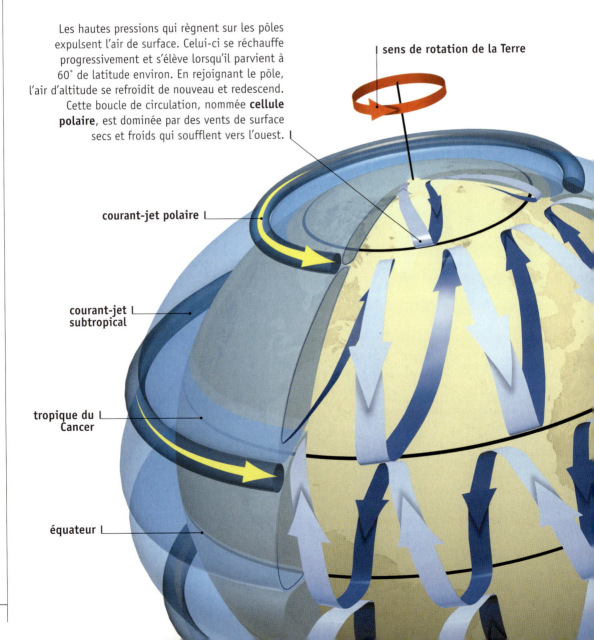

sens de rotation de la Terre

courant-jet polaire

courant-jet subtropical

tropique du Cancer

équateur

LES COURANTS-JETS

À très haute altitude (entre 6 000 m et 15 000 m), des vents particulièrement forts tournent d'ouest en est autour de la Terre : ce sont les courants-jets, qui se divisent en branches polaires (à 60° de latitude environ) et subtropicales (au-dessus des tropiques).

À l'intérieur du tube, la **vitesse des vents** n'est pas uniforme. Elle varie de 150 km/h dans l'enveloppe extérieure à plus de 400 km/h au centre du courant.

Les courants-jets laissent parfois derrière eux des bandes de nuages parallèles, comme ici, au-dessus de l'Arabie saoudite.

Le courant-jet prend la forme d'un **tube** aplati, large de quelques centaines de kilomètres.

LES ONDES DE ROSSBY

Les courants-jets ne suivent pas toujours une trajectoire rectiligne. Lorsque la vitesse du courant-jet polaire est trop faible, la force de Coriolis donne une légère ondulation à son mouvement ❶. Cette perturbation peut s'accentuer jusqu'à former de larges méandres, qu'on nomme ondes de Rossby ❷. Les dépressions et les anticyclones qui se développent à l'intérieur de ces boucles ❸ influencent grandement le climat des latitudes moyennes, tout autour de la Terre.

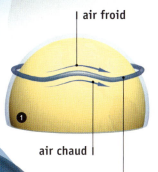
air froid / air chaud

onde de Rossby

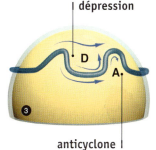
dépression / anticyclone

Le **courant-jet polaire** souffle au-dessus du front polaire, où se rencontrent l'air froid polaire et l'air chaud tropical.

Une partie de l'air de la ceinture de haute pression subtropicale se déplace en surface vers le nord-est. À 60° de latitude environ, cet air chaud rencontre la masse d'air froid polaire : il s'élève et repart vers l'équateur. Parvenu à la hauteur du tropique, il s'affaisse de nouveau dans la zone de haute pression. Cette boucle constitue la **cellule de Ferrel**.

Les **alizés**, les vents dominants qui soufflent des tropiques vers l'équateur, sont déviés vers l'ouest par la force de Coriolis.

Chauffé par le Soleil, l'air équatorial s'élève jusqu'à la tropopause, puis se dirige vers les pôles. Pendant son déplacement en altitude, l'air se refroidit, s'alourdit et finit par redescendre vers le sol à la hauteur des tropiques. Expulsé de cette zone de haute pression, l'air sec retourne vers l'équateur, complétant ainsi une boucle atmosphérique nommée **cellule de Hadley**.

L'atmosphère terrestre

Les vents locaux

Tributaires du relief

Contrairement aux vents dominants, les vents locaux ne sont pas constants : leur force et même leur direction peuvent varier considérablement. Pour certains vents, comme le mistral ou le chinook, c'est la configuration du relief qui explique les variations alors que pour d'autres, comme les brises de mer et les vents de vallée, les différences de température entre le jour et la nuit constituent le facteur le plus important.

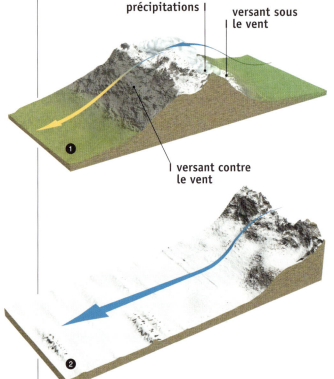

L'INFLUENCE DU RELIEF

Le fœhn, qui souffle en Suisse et en Autriche, et le chinook, qui descend des montagnes Rocheuses en Amérique du Nord, sont des **vents adiabatiques** ❶. En rencontrant le versant sous le vent d'une montagne, l'air s'élève, se refroidit et se décharge de son humidité. Après avoir passé le sommet, il se réchauffe en redescendant et amène du temps chaud et sec sur le versant contre le vent.

Les **vents catabatiques** ❷ sont des vents froids qui acquièrent une grande force en descendant des montagnes. La bora, qui s'écoule des montagnes yougoslaves vers la côte adriatique, de même que l'oroshi japonais et le williwaw d'Alaska, sont des vents catabatiques. Le mistral, un vent sec et froid qui souffle plus de 100 jours par an sur le sud-est de la France, est issu des hauts sommets des Alpes. En s'engouffrant dans la vallée du Rhône, il se renforce et peut atteindre 180 km/h lorsqu'il débouche dans la Méditerranée.

L'ÉCHELLE DE BEAUFORT

Mise au point en 1805 par l'amiral anglais Francis Beaufort, l'échelle de Beaufort se sert des effets du vent sur la mer pour exprimer sa force. À l'aide des anémomètres, on est aujourd'hui capable de mesurer précisément la vitesse du vent, ce qui permet d'établir des correspondances avec l'échelle de Beaufort. Le vent le plus violent a été mesuré en 1934 au mont Washington (États-Unis) : il atteignait 371 km/h. Sur la côte George V, en Antarctique, les vents soufflent en moyenne à 320 km/h.

force	0	1	2	3	4	5
vitesse du vent (km/h)	moins de 2	de 2 à 6	de 7 à 11	de 12 à 19	de 20 à 29	de 30 à 39
description	calme	très légère brise	légère brise	petite brise	jolie brise	bonne brise

BRISE DE MER ET BRISE DE TERRE

Sur les littoraux, le voisinage de l'eau et de la terre crée des inversions thermiques qui influencent la direction des vents.

La **brise de mer** ❶ souffle pendant la journée, lorsque l'air chaud du continent monte en altitude. Il se crée alors une zone de basse pression, que l'air frais de la mer vient combler.

La nuit, l'eau se refroidit plus lentement que la terre, ce qui produit un phénomène inverse. L'air chaud qui s'élève au-dessus de la mer est remplacé par un air frais issu du continent, la **brise de terre** ❷.

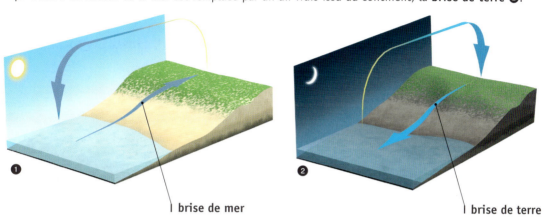

brise de mer

brise de terre

VENT DE VALLÉE ET VENT DE MONTAGNE

Un phénomène semblable à celui des brises se produit dans les régions montagneuses, où l'inversion des températures est engendrée par la différence d'altitude entre les parois d'une montagne et le fond de la vallée.

Le **vent de vallée** ❶ se manifeste dans la journée, lorsque l'air frais de la vallée est aspiré vers les hauteurs, où le réchauffement a produit une zone de basse pression.

Pendant la nuit, au contraire, le **vent de montagne** ❷ descend vers la vallée, où l'air se refroidit moins que dans les montagnes.

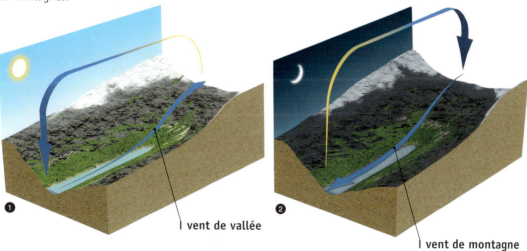

vent de vallée

vent de montagne

6	7	8	9	10	11	12
de 40 à 50	de 51 à 61	de 62 à 74	de 75 à 87	de 88 à 101	de 102 à 120	plus de 120
vent frais	grand frais	coup de vent	fort coup de vent	tempête	violente tempête	ouragan

Les tornades

Les vents les plus violents sur Terre

L'atmosphère terrestre

À l'instar des cyclones, les tornades résultent de l'enroulement de vents ascendants autour d'une zone de basse pression. Elles s'en distinguent cependant par leur brièveté (quelques minutes) et par la violence des vents qu'elles génèrent. Phénomènes locaux, qui se développent le plus souvent au-dessus des terres, les tornades n'ont pas encore livré tous leurs secrets : les mécanismes qui mènent à leur formation demeurent mal connus, ce qui les rend peu prévisibles.

Le **nuage annulaire**, une extension nuageuse qui tourne à la base du cumulo-nimbus, est souvent le premier indice de l'apparition prochaine d'une tornade.

Le **diamètre** d'une tornade varie en général entre 100 m et 600 m. Sa hauteur peut atteindre plusieurs kilomètres.

Les tornades qui se forment au-dessus des océans sont appelées **trombes marines**. Moins violentes que les tornades terrestres, elles sont tout aussi spectaculaires, aspirant l'eau jusqu'à une hauteur de plusieurs centaines de mètres.

Blanc, gris, brun, noir ou même rouge : la couleur du **tourbillon** dépend de la nature des débris aspirés par la tornade.

La violence des vents à la base de la tornade forme un véritable **nuage de débris**.

Les très basses pressions à l'intérieur de la tornade créent des **vents** extrêmement rapides : des pointes à 512 km/h ont été observées par radar à Oklahoma City en 1999.

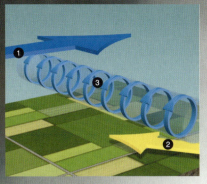
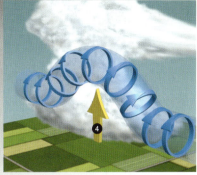

LA FORMATION D'UNE TORNADE

Lorsqu'un vent froid et rapide d'altitude ❶ croise un vent chaud et lent de surface ❷, leur rencontre provoque la rotation horizontale ❸ de l'air. Si cette rencontre de vents cisaillants a lieu dans un nuage orageux, le courant ascendant d'air chaud ❹ de l'orage soulève le tube d'air en rotation et le dresse à la verticale.

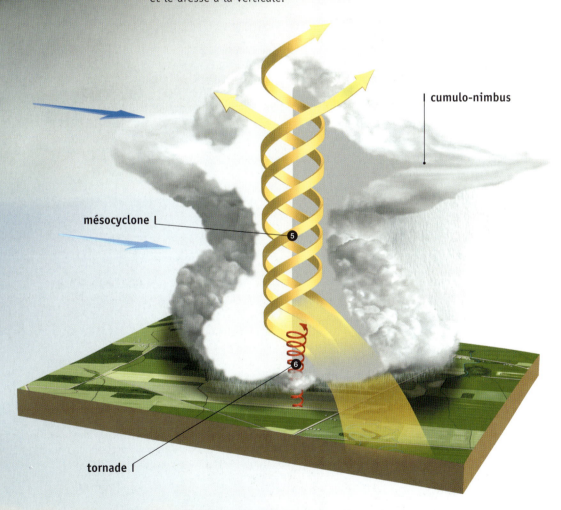

La combinaison du mouvement ascendant et du mouvement giratoire crée une très large colonne d'air tourbillonnant, un mésocyclone ❺. Pour des raisons encore mal comprises, un vortex ❻ apparaît parfois à l'intérieur du mésocyclone. Ce tourbillon, qui devient visible si l'air est suffisamment humide pour se condenser, s'étire vers le bas et finit par atteindre le sol, ce qui en fait une tornade proprement dite.

La puissance des tornades
Des tourbillons meurtriers

Bien que les tornades soient souvent très localisées et de courte durée, leur violence les rend particulièrement dangereuses et dévastatrices. C'est l'Amérique du Nord, où l'on en compte 750 en moyenne chaque année, qui constitue le continent le plus exposé, mais l'Europe, l'Asie et l'Australie sont elles aussi touchées régulièrement. Une tornade a ainsi causé la mort de 1 300 personnes au Bangladesh en 1989.

LES GRANDES PLAINES AMÉRICAINES, TERRITOIRE DE PRÉDILECTION DES TORNADES

C'est au centre des États-Unis, dans une « ceinture des tornades » comprenant les États du Texas, de l'Oklahoma, du Kansas et du Nebraska, que se produisent la plupart des tornades d'Amérique du Nord. La combinaison des vents chauds du golfe du Mexique et des vents froids du Canada y crée en effet les conditions idéales à la formation de mésocyclones, notamment aux mois d'avril et de mai. Dans le sud-est du continent (Floride, Alabama, Louisiane, Mississippi), la saison des tornades intervient plus tôt, entre janvier et mars. Protégé par les montagnes Rocheuses, l'ouest américain est pour sa part pratiquement exempt de tornades.

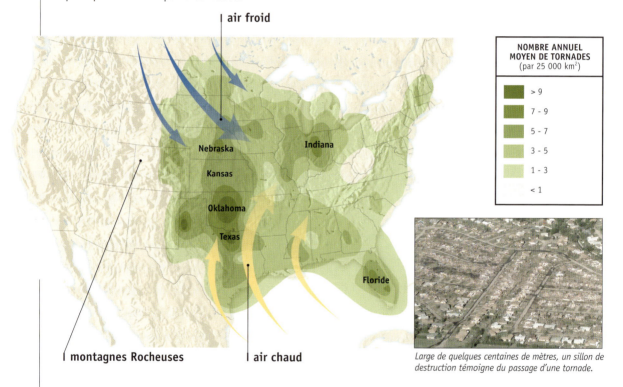

Large de quelques centaines de mètres, un sillon de destruction témoigne du passage d'une tornade.

LA TRAJECTOIRE DES TORNADES

Le chemin emprunté par une tornade ne dépend pas du relief mais de la vitesse de déplacement de l'orage et de la position du tourbillon par rapport au nuage. Une tornade qui prend naissance au centre du mésocyclone adopte une trajectoire rectiligne ❶ dans un orage rapide ou en boucle ❷ dans un orage qui avance plus lentement. Une tornade qui se développe à la périphérie du nuage dure peu de temps, mais elle peut être suivie de plusieurs autres tornades, dessinant ainsi une trajectoire discontinue ❸.

L'ÉCHELLE DE FUJITA

La soudaineté et la brièveté des tornades rendent aléatoire leur observation scientifique. De plus, les anémomètres traditionnels ne résistent pas aux vents qui accompagnent les plus fortes tornades. Il faut donc souvent se contenter de l'analyse *a posteriori* des dégâts pour évaluer la violence du phénomène. L'échelle de Fujita établit une classification des tornades en six catégories qui permettent de lier le type et l'ampleur des dommages causés avec la vitesse des vents. À elles seules, les trois catégories les moins violentes regroupent 88 % des tornades observées. Beaucoup plus rares (1 % des cas), les tornades F5 sont aussi les plus meurtrières.

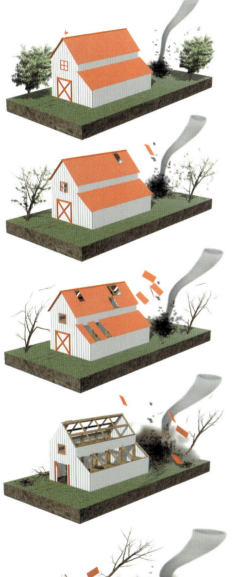

Avec des vents dont la vitesse ne dépasse pas 119 km/h, une **tornade F0** ne cause que des dommages mineurs : branches d'arbres cassées, antennes de télévision tordues.

Une **tornade F1**, caractérisée par des vents soufflant de 120 à 180 km/h, peut arracher de petits arbres, renverser des caravanes et soulever les tuiles des maisons.

Les vents d'une **tornade F2**, qui atteignent 180 à 250 km/h, sont capables de détruire des structures de bois, de déplacer de petits véhicules et d'abattre des arbres matures.

Avec des vents soufflant de 250 à 330 km/h, une **tornade F3** peut renverser de gros véhicules. Des murs s'effondrent et des objets de quelques kilos sont emportés en altitude et transformés en projectiles.

Une **tornade F4** (vents de 330 à 420 km/h) détruit des maisons solides, soulève des véhicules et projette en l'air des objets d'une centaine de kilos.

La **tornade F5** est la plus violente. Ses vents dépassent 420 km/h et détruisent toutes sortes de véhicules et de constructions sur leur passage.

L'atmosphère terrestre

Que ce soit à l'état solide, liquide ou gazeux, l'eau est une **composante essentielle de l'atmosphère** terrestre. Évaporée par la chaleur, poussée par les vents, condensée par le froid, elle ne cesse de se déplacer et de se transformer, transportant avec elle des quantités considérables d'énergie tout autour de la Terre. Elle est aussi à l'origine de nombreux **phénomènes météorologiques spectaculaires**, de la neige aux arcs-en-ciel en passant par le brouillard, la grêle et les cyclones.

Les précipitations

26 **L'humidité**
De la vapeur d'eau dans l'air

28 **Les nuages**
De formidables réservoirs d'eau

30 **Reconnaître les nuages**
Les indices de l'activité atmosphérique

32 **Les précipitations**
Pourquoi l'eau tombe du ciel

34 **Les types de précipitations**
Entre les nuages et le sol

36 **La rosée et le brouillard**
L'influence du sol

37 **Les arcs-en-ciel**
Des couleurs dans le ciel

38 **Les orages**
Une énergie considérable

40 **Éclairs et tonnerre**
De l'électricité dans l'air

42 **La naissance d'un cyclone**
Les ingrédients d'une tempête tropicale géante

44 **L'intérieur d'un cyclone**
Un formidable moteur thermique

46 **Vie et mort d'un cyclone**
Une évolution de mieux en mieux connue

L'humidité

De la vapeur d'eau dans l'air

L'eau est un corps très répandu sur Terre : avec 1 360 millions de km³, elle forme près de 0,2 % du volume total de la planète. Sous forme gazeuse, elle se trouve aussi en abondance dans l'atmosphère. L'humidité, c'est-à-dire la vapeur d'eau contenue dans l'air, provient surtout de l'évaporation des océans et de la transpiration des plantes. Sa quantité varie grandement tout autour de la planète, mais elle n'est jamais nulle, même dans les déserts les plus secs.

GLACE, EAU ET VAPEUR

Comme tous les corps, l'eau peut se présenter dans trois états différents (solide, liquide ou gazeux) en fonction de la pression et de la température. À la pression atmosphérique normale du niveau de la mer (1 013 hPa), l'eau liquide se solidifie sous forme de glace à 0 °C et se vaporise en un gaz invisible, la vapeur d'eau, à 100 °C.

À l'état solide ❶, les molécules d'eau, fortement liées les unes aux autres, forment des cristaux hexagonaux. Dans l'eau liquide ❷, les molécules ne se déplacent pas assez vite pour se libérer, mais elles se déplacent trop vite pour composer des cristaux. Les molécules d'eau à l'état gazeux ❸ s'agitent avec tellement de force qu'elles ne restent pas unies les unes aux autres.

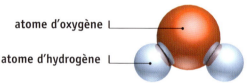

Une **molécule d'eau** (H_2O) est composée de deux atomes d'hydrogène et d'un atome d'oxygène.

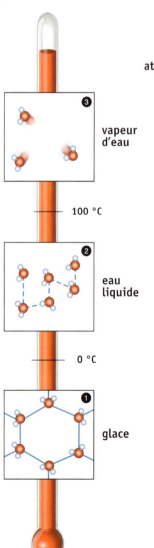

LES TROIS ÉTATS DE L'EAU

L'ÉVAPORATION DE L'EAU

L'eau liquide peut se transformer en vapeur d'eau à des températures bien plus basses que 100 °C. C'est ce qu'on appelle l'évaporation : en absorbant de l'énergie calorifique, les molécules de surface s'agitent, se libèrent et quittent l'état liquide pour se vaporiser. Cette transformation ne peut se produire que si l'air est suffisamment sec pour accepter de nouvelles molécules de vapeur d'eau.

L'**évaporation** des molécules d'eau liquide dépend de la température, de la pression et de l'humidité de l'air.

LA SATURATION DE L'AIR

Lorsque l'air ne peut contenir davantage de vapeur d'eau, on dit qu'il est saturé. Cette capacité dépend de la température : l'air chaud peut en effet contenir plus d'humidité que l'air froid. Si la température d'un air saturé baisse, une partie de la vapeur d'eau qu'il contient retourne à l'état liquide : elle se condense. On appelle point de rosée la température à laquelle une masse d'air est saturée.

Lorsque l'air est saturé, la **condensation** compense l'évaporation.

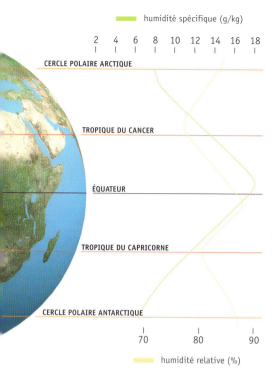

HUMIDITÉ SPÉCIFIQUE ET HUMIDITÉ RELATIVE

L'**humidité spécifique** mesure le poids exact de la vapeur d'eau contenue dans une masse d'air. Il s'agit d'une unité de mesure très stable, puisque le poids d'un corps ne varie ni avec la température ni avec la pression. En revanche, l'humidité spécifique ne peut pas témoigner des relations entre température et humidité, qui sont à l'origine de plusieurs phénomènes météorologiques.

Le taux d'**humidité relative** exprime le rapport entre la quantité de vapeur d'eau contenue dans une masse d'air et celle qui serait nécessaire pour la saturer. Un air saturé contient donc 100 % d'humidité relative, alors qu'un air totalement sec (ce qui n'existe pas) aurait une humidité relative de 0 %. Puisque la saturation dépend de la température, l'humidité relative est plus élevée près des pôles que dans les régions tropicales.

COMMENT L'HUMIDITÉ EST RESSENTIE

Parce qu'elle nuit à la transpiration, l'humidité est perçue par le corps humain comme un facteur aggravant de la chaleur. La température ressentie est obtenue en combinant la température réelle et l'humidité relative.

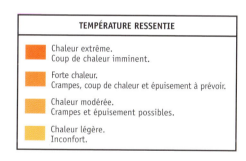
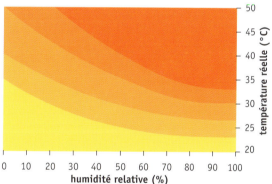

VAPEUR ET NUAGES AUTOUR DE LA TERRE

La vapeur d'eau est invisible, mais les rayons infrarouges captés par le satellite *Météosat* permettent de mettre en évidence sa répartition dans l'atmosphère terrestre ❶. Au contraire, l'eau est visible lorsqu'elle se trouve à l'état liquide. Les nuages, qui sont constitués de gouttelettes d'eau liquide, peuvent donc être observés par le satellite dans le spectre visible ❷.

Les nuages

De formidables réservoirs d'eau

Contrairement à une idée reçue, les nuages ne sont pas constitués uniquement de vapeur mais aussi et surtout de milliards de minuscules gouttelettes d'eau et de cristaux de glace (0,02 mm de diamètre) qui rendent visible l'humidité de l'air. Trop légères pour tomber, ces particules composent cependant une masse d'eau colossale, qui peut atteindre 500 000 tonnes dans un cumulo-nimbus. Pour qu'un nuage apparaisse, de l'air humide doit être refroidi jusqu'à la température à laquelle la vapeur d'eau qu'il contient se condense. Plusieurs phénomènes atmosphériques peuvent amener une masse d'air chaud à s'élever, et donc à se refroidir.

LES NOYAUX DE CONDENSATION

La condensation de la vapeur d'eau est provoquée par le refroidissement de la masse d'air qui la contient. Cette transformation ne se produit toutefois que si les molécules d'eau entrent en contact avec des solides sur lesquels elles peuvent se fixer : des noyaux de condensation. Des poussières, des cendres volcaniques, des grains de pollen et des cristaux de sel en suspension dans l'atmosphère peuvent jouer ce rôle.

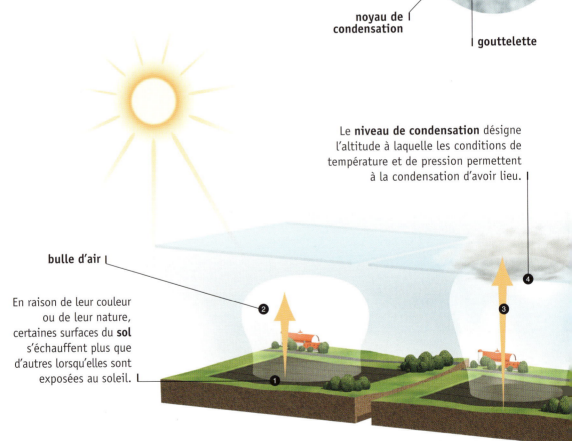

Le **niveau de condensation** désigne l'altitude à laquelle les conditions de température et de pression permettent à la condensation d'avoir lieu.

En raison de leur couleur ou de leur nature, certaines surfaces du **sol** s'échauffent plus que d'autres lorsqu'elles sont exposées au soleil.

LES NUAGES DE CONVECTION

Le sol ❶ chauffé par le Soleil transmet sa chaleur à l'air situé au-dessus de lui, ce qui crée une bulle d'air chaud ❷. Plus légère que l'air environnant, celle-ci s'élève ❸ rapidement. Ce faisant, elle se refroidit jusqu'à atteindre son point de rosée (température à laquelle l'air est saturé en humidité), à une altitude appelée niveau de condensation ❹. L'humidité de la bulle d'air se condense et forme un cumulus ❺. Poussé par le vent ❻, ce nuage se déplace et peut grossir s'il survole d'autres bulles d'air ascendantes ❼.

LES NUAGES OROGRAPHIQUES

Lorsqu'une masse d'air humide rencontre un relief géographique qui l'oblige à s'élever au-dessus du niveau de condensation, l'humidité qu'elle contient se condense et un nuage se forme. Ce phénomène s'accompagnant souvent de précipitations, le versant opposé est généralement peu arrosé.

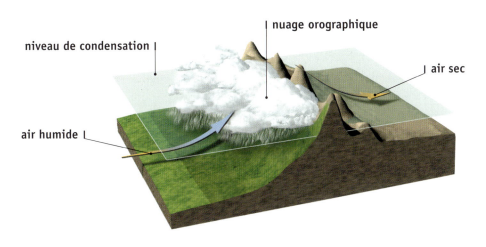

LES NUAGES DE FRONT

La rencontre de deux masses d'air de températures différentes force l'air le plus chaud à monter le long du front, ce qui provoque la formation d'un nuage.

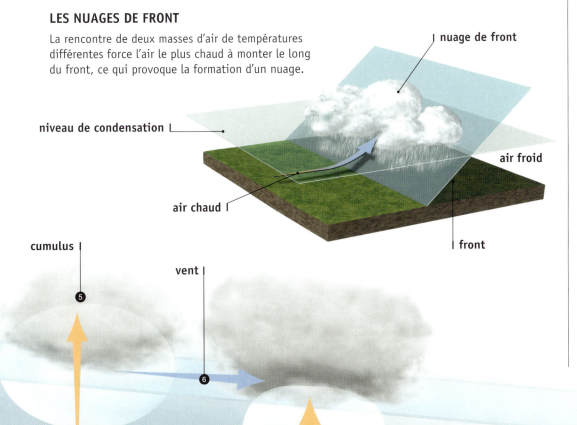

Reconnaître les nuages
Les indices de l'activité atmosphérique

Les précipitations

Malgré leur grande variété apparente, les nuages peuvent être regroupés en quatre familles et dix types principaux, basés sur leur altitude et sur leur forme. Cette classification, inventée en 1803 par le naturaliste anglais Luke Howard, permet non seulement de les identifier, mais aussi de comprendre l'évolution de la situation atmosphérique et, parfois, de prévoir le temps à venir.

LES NUAGES À DÉVELOPPEMENT VERTICAL

Bien que leur base aplatie soit située à basse altitude (entre 500 m et 2 000 m), les cumulus et les cumulo-nimbus profitent des puissants courants ascendants qui les traversent pour s'étendre sur plusieurs kilomètres de hauteur.

Les **cumulo-nimbus** sont les nuages les plus imposants : alors que leur base, très foncée, se situe juste au-dessus du sol, leur sommet peut s'élever jusqu'à la tropopause, à plus de 15 000 m. Balayé par les forts vents de très haute altitude, il s'élargit alors sous la forme caractéristique d'une enclume. Des orages, de fortes averses, de la grêle et même de violentes tornades s'y développent fréquemment.

Denses, de couleur blanche et d'aspect floconneux, les **cumulus** se forment par convection, généralement au cours d'une chaude journée d'été. Associés à un temps beau et stable, ils ne donnent des averses que si leur développement vertical est très important.

TROIS ÉTAGES DE NUAGES

Cirrus, cirrocumulus et cirrostratus sont des **nuages de haute altitude** (au-dessus de 6 000 m), composés de cristaux de glace. Généralement minces et blancs, ils ne génèrent pas de précipitations par eux-mêmes mais annoncent l'arrivée prochaine d'une dépression lorsque leur épaisseur s'accroît.

Les **nuages d'altitude moyenne** (de 2 000 m à 6 000 m) sont constitués de gouttelettes d'eau et de cristaux de glace mélangés. On distingue les altostratus et les altocumulus.

Les **nuages bas** (nimbo-stratus, strato-cumulus et stratus), dont la base ne dépasse pas 2 000 m d'altitude, sont formés de gouttelettes d'eau, parfois mêlées à des cristaux de glace. Leur apparition, qui correspond généralement au passage d'une dépression, cause des précipitations continues, sous forme de pluie ou de neige selon la saison.

15 000 m –

Les **cirrocumulus** sont composés de petites masses granuleuses ou ridées qui peuvent s'ordonner en rangées.

D'apparence filandreuse ou duveteuse, les **cirrus** constituent les nuages hauts les plus communs.

Couvrant souvent la plus grande partie du ciel sous la forme d'un voile presque transparent, les **cirrostratus** créent un halo autour du soleil.

6 000 m –

Les **altocumulus** se présentent comme des bancs de petits nuages, blancs ou gris, disposés régulièrement et parfois ordonnés en bandes parallèles. Si ces petites masses se rapprochent les unes des autres, elles annoncent l'arrivée d'une dépression.

Nuages de front, les **altostratus** forment des couches sombres (grises ou bleuâtres) d'épaisseur variable, capables de donner des précipitations importantes.

Couches grises aux contours mal définis, les **nimbo-stratus** donnent des précipitations continues.

2 000 m –

Les **strato-cumulus** consistent en bancs de nuages de couleur grise, parfois foncée. Ils n'engendrent généralement pas de précipitations.

Les **stratus**, qui se présentent comme des couches nuageuses grises et basses, semblables à du brouillard, peuvent donner de la bruine ou de la très faible pluie.

0 m –

Les précipitations
Pourquoi l'eau tombe du ciel

Chaque année, la planète reçoit du ciel l'équivalent d'un mètre d'eau sous différentes formes. Ces précipitations ont pour origine les nuages, où un million de gouttelettes doivent s'assembler pour former une seule goutte de pluie de taille moyenne, capable de lutter contre la résistance de l'air et d'atteindre la surface de la Terre. La condensation amorce le processus, mais elle ne permet pas à elle seule cette incroyable croissance. D'autres mécanismes entrent donc en jeu.

TAILLE RELATIVE DES GOUTTES ET DES GOUTTELETTES

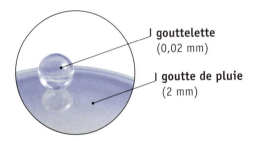

gouttelette (0,02 mm)

goutte de pluie (2 mm)

LA PLUIE DES NUAGES CHAUDS

L'humidité de l'air ascendant se condense sous forme de gouttelettes ❶. Lorsque celles-ci atteignent un poids suffisant, elles redescendent lentement, grossissent par coalescence ❷ puis tombent en pluie ❸. Si les courants ascendants ❹ sont forts, les gouttes en formation demeurent plus longtemps dans le nuage. En redescendant ❺, elles parviennent à une taille plus importante ❻.

LE PROCÉDÉ DE COALESCENCE

Les gouttelettes ayant atteint par condensation un diamètre de 0,05 mm à 0,1 mm amorcent une lente descente à travers le nuage. Dans leur mouvement, elles grossissent en amassant les gouttelettes avec lesquelles elles entrent en collision. Lorsqu'une goutte atteint 6,35 mm de diamètre, la pression de l'air la brise en plusieurs gouttes plus petites.

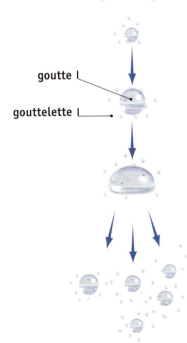

goutte

gouttelette

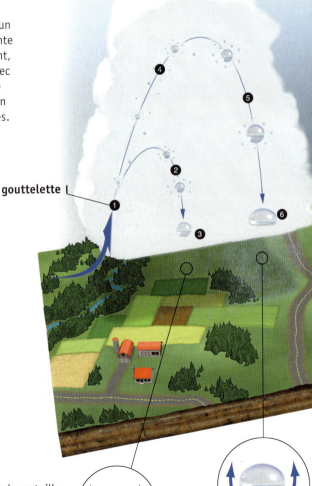

La forme d'une **goutte de pluie** dépend de sa taille. Les plus petites (moins de 2 mm de diamètre) sont sphériques, alors que les plus grosses s'aplatissent sous la pression de l'air.

PLUIE ET NEIGE DANS LES NUAGES FROIDS

Les gouttelettes d'eau en surfusion ❶ (c'est-à-dire l'eau qui reste à l'état liquide à des températures inférieures à 0 °C) se transforment en cristaux de glace ❷ lorsqu'elles rencontrent des particules en suspension dans l'air. La vapeur d'eau environnante givre au contact de ces cristaux, ce qui modifie leur forme ❸ et les alourdit. Dans leur chute, ils fondent ❹ en pénétrant dans une masse d'air plus chaud et se transforment en gouttes de pluie ❺. Si la température de l'air reste en dessous de 0 °C, les cristaux tombent sous forme de neige ❻.

LA FORMATION DES GRÊLONS

L'embryon d'un grêlon est constitué par une gouttelette qui a gelé ❶ en étant poussée par les puissants courants ascendants (jusqu'à 100 km/h) qui sont à l'œuvre dans un cumulo-nimbus au cours d'un orage. Lorsqu'il redescend dans les parties basses et humides du nuage, ce glaçon se couvre d'une couche de glace transparente ❷, provenant des gouttelettes environnantes. De nouveau soulevé par les courants ascendants, le grêlon remonte vers les masses d'air les plus froides, où une nouvelle couche de glace, opaque celle-ci, le fait grossir ❸. Les nombreux allers-retours ❹ multiplient les couches alternativement transparentes et opaques du grêlon, jusqu'à ce que son poids l'entraîne ❺ vers le sol, à une vitesse pouvant atteindre 160 km/h.

Les précipitations

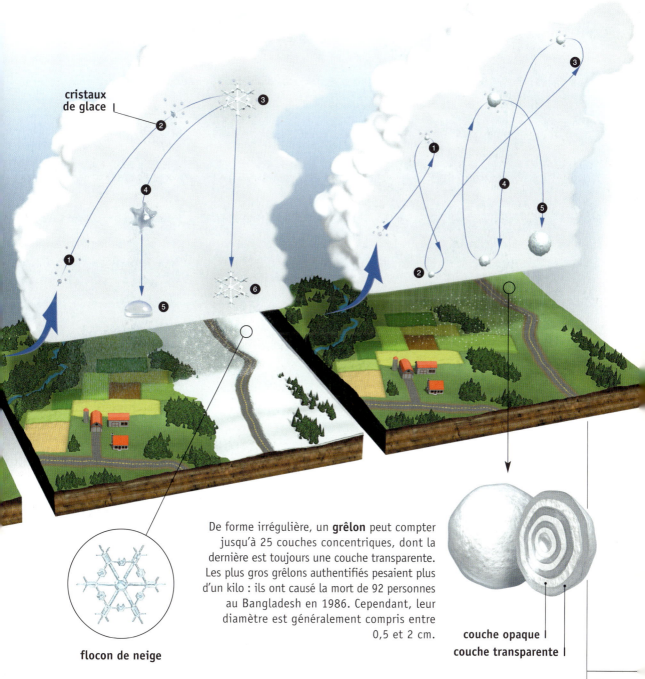

cristaux de glace

flocon de neige

De forme irrégulière, un **grêlon** peut compter jusqu'à 25 couches concentriques, dont la dernière est toujours une couche transparente. Les plus gros grêlons authentifiés pesaient plus d'un kilo : ils ont causé la mort de 92 personnes au Bangladesh en 1986. Cependant, leur diamètre est généralement compris entre 0,5 et 2 cm.

couche opaque
couche transparente

Les types de précipitations
Entre les nuages et le sol

Bruine, pluie, grésil, neige : qu'elles soient liquides ou solides, les précipitations prennent plusieurs formes différentes, qui dépendent de l'épaisseur des nuages, de leur taux d'humidité, de la température de l'air ambiant et de celle du sol.

LES DIFFÉRENTES FORMES DE PLUIES

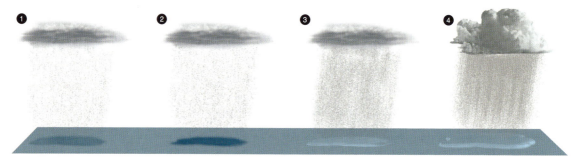

Composée de très petites gouttes (moins de 0,5 mm de diamètre), la **bruine** ❶ provient de nuages bas, comme les stratus, et ne produit que très peu d'accumulation au sol.

La pluie, constituée de gouttes plus grosses (de 0,5 mm à 5 mm de diamètre), est classée selon la quantité de précipitations qu'elle produit en un certain laps de temps. La **pluie fine** ❷ laisse moins de 25 mm d'eau au sol par heure, la **pluie modérée** ❸ de 25 mm à 76 mm et la **pluie forte** ❹ plus de 76 mm. Alors que les pluies continues proviennent généralement de nuages épais, comme les nimbo-stratus, les averses (pluies subites, abondantes et de courte durée) se forment plutôt dans les cumulo-nimbus.

LES PRÉCIPITATIONS HIVERNALES

Même si la neige est souvent associée à l'hiver, elle n'est pas le seul type de précipitation hivernale. En traversant les masses d'air qui séparent les nuages du sol, les flocons se réchauffent ou, au contraire, se refroidissent, subissant ainsi des transformations qui déterminent la forme des précipitations finales.

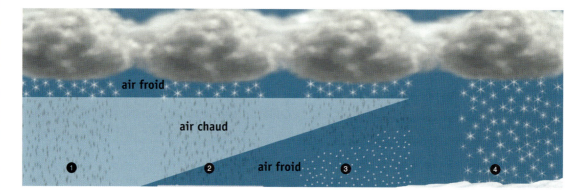

Lorsque la température de l'air est supérieure au point de congélation, les flocons produits par le nuage fondent et tombent sous forme de **pluie** ❶.

Si les gouttes de pluie traversent une mince couche d'air froid, elles demeurent en surfusion jusqu'au moment où elles touchent le sol gelé. À l'impact, elles gèlent instantanément et forment du verglas. Ce type de pluie est appelé **pluie verglaçante** ❷.

Une couche peu épaisse d'air chaud fait partiellement fondre les flocons. Ceux-ci regèlent en surface en pénétrant dans une nouvelle couche d'air froid et prennent alors la forme de petits grains de glace (5 mm), le **grésil** ❸.

Si les flocons ne rencontrent aucune masse d'air chaud, ils ne fondent pas et c'est de la **neige** ❹ qui s'accumule sur le sol.

LA FORME DES CRISTAUX DÉPEND DE LA TEMPÉRATURE

Les flocons de neige sont le résultat de l'agrégation de milliers de cristaux de glace, dont la taille et l'aspect (plaquettes, aiguilles, colonnes, étoiles) dépendent de la température et de l'humidité de l'air.

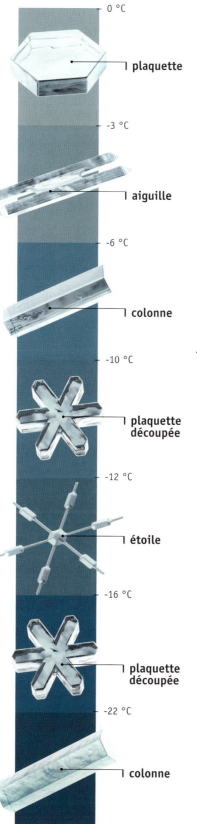

COMMENT SE FORME UN FLOCON

Dans les nuages, les cristaux de glace grossissent en absorbant les molécules d'eau environnantes. Devenus suffisamment lourds, ils tombent.

Lorsque des gouttelettes d'eau surfondue sont percutées par un cristal de glace, elles gèlent instantanément et se collent à lui par un phénomène appelé **accrétion**.

Les cristaux qui entrent en **collision** entre eux se fractionnent en de nombreuses petites particules de glace, qui croissent à leur tour par accrétion.

Si l'humidité de l'air est élevée et la température proche de 0 °C, les cristaux de glace se collent les uns aux autres par **agrégation** et composent des structures beaucoup plus complexes : les flocons de neige. Ceux-ci peuvent atteindre plusieurs centimètres de diamètre.

DES FLOCONS TOUS DIFFÉRENTS

Même s'ils présentent une variété de formes presque infinie, les flocons de neige obéissent tous à une symétrie hexagonale, due à la structure moléculaire de l'eau. La nature cristalline de la neige disparaît lorsqu'elle s'accumule au sol et se soude en une couche granuleuse.

Les précipitations

La rosée et le brouillard
L'influence du sol

Les phénomènes météorologiques ne se produisent pas toujours à haute altitude. Au contraire, la présence du sol favorise parfois la condensation de l'humidité atmosphérique et fait ainsi apparaître des gouttelettes d'eau plus ou moins grosses.

LA ROSÉE ET LE GIVRE

Au petit matin, les herbes et les objets proches du sol sont parfois couverts de gouttelettes d'eau ou de fines concrétions de glace blanche. Ces phénomènes, liés à la température et à l'humidité relative de l'air, se manifestent généralement par temps clair et calme. Ils ne proviennent donc pas des nuages.

La **rosée** apparaît lorsque le sol se refroidit jusqu'au point de rosée (température à laquelle l'air est saturé de vapeur d'eau). Les molécules d'eau contenues dans la couche d'air environnante se condensent au contact des surfaces froides, formant ainsi des gouttes de 1 mm de diamètre.

Si le point de rosée est inférieur à 0 °C, la vapeur ne se condense pas en gouttes de rosée mais se transforme directement en cristaux de glace : le **givre**. Celui-ci ne doit pas être confondu avec la rosée gelée, qui est due au refroidissement du sol en dessous du point de congélation après la formation de la rosée.

BROUILLARD ET BRUME : DES NUAGES AU-DESSUS DU SOL

Comme tous les autres types de nuages, le **brouillard** se forme par condensation de la vapeur d'eau contenue dans l'air. Le plus commun, le brouillard de rayonnement, est dû au refroidissement nocturne du sol. Il réduit la visibilité à moins de 1 km, et parfois même à quelques mètres seulement.

Lorsque les gouttelettes qui le composent sont plus dispersées, le brouillard prend le nom de **brume**. La visibilité est alors comprise entre 1 et 5 km.

Les arcs-en-ciel
Des couleurs dans le ciel

Bien que la lumière du Soleil nous apparaisse le plus souvent blanche, elle est en fait composée de plusieurs couleurs (rouge, orange, jaune, vert, bleu, indigo, violet), qui correspondent à différentes longueurs d'onde. Ce sont ces composantes de la lumière qui apparaissent lorsque le Soleil éclaire un rideau de gouttes de pluie. Plus le Soleil est haut dans le ciel, moins l'arc-en-ciel s'élève au-dessus de l'horizon. Le phénomène est donc plus fréquent en début et en fin de journée.

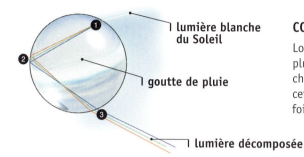

COMMENT LA PLUIE DISPERSE LA LUMIÈRE

Lorsqu'un rayon solaire pénètre dans une goutte de pluie, il subit une réfraction ❶, c'est-à-dire qu'il change de direction. Le fond de la goutte reflète ❷ cette lumière, avant qu'elle ne ressorte, une nouvelle fois réfractée ❸.

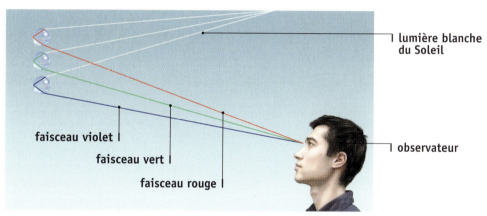

L'angle de réfraction de chaque longueur d'onde est différent. La lumière blanche du Soleil est donc décomposée par chaque goutte de pluie en plusieurs faisceaux de lumière colorée, couvrant la totalité du spectre visible, du rouge jusqu'au violet. L'observateur ne perçoit qu'une seule couleur par goutte, mais la multitude de ces minuscules prismes forme pour son œil un éventail de couleurs : l'**arc-en-ciel**.

DOUBLE ARC-EN-CIEL

Il se produit parfois une double réflexion à l'intérieur d'une même goutte de pluie. Un arc-en-ciel secondaire, plus flou et avec un ordre de couleurs inversé, apparaît alors au-dessus du premier.

Les précipitations

Les orages

Une énergie considérable

Pluie forte, vents violents, foudre, tonnerre, grêle et même tornades : chacun des quelque 50 000 orages qui éclatent chaque jour sur Terre dégage une énergie équivalente à celle d'une bombe atomique. Très commun dans les zones intertropicales, le phénomène touche aussi les régions tempérées au printemps et en été, lorsque les ingrédients nécessaires à la formation d'une cellule orageuse (air chaud et humide, instabilité) sont les plus fréquents.

COMMENT RECONNAÎTRE UN CUMULUS EN CROISSANCE

Lorsque le sommet du nuage reflète les rayons solaires, c'est qu'il est chargé de gouttelettes d'eau non gelée. Cela indique la présence de forts courants ascendants chauds, susceptibles de produire un orage.

La prédominance de cristaux de glace, laissant partiellement passer les rayons du soleil, est au contraire la marque d'un nuage qui a fini de croître.

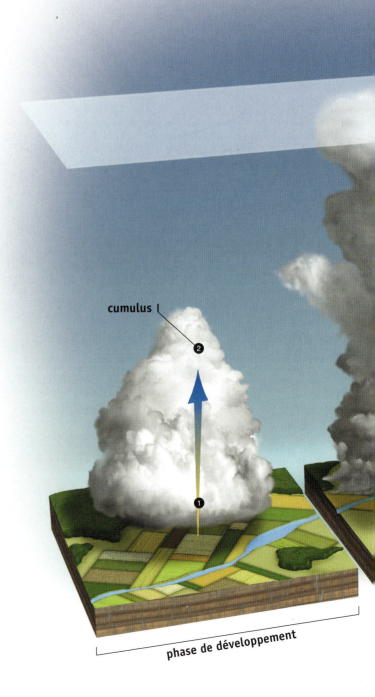

cumulus

phase de développement

Les précipitations

LE CYCLE D'UNE CELLULE ORAGEUSE

Le cycle de vie d'une cellule orageuse se compose de trois étapes successives. Dans la phase de développement, l'ascension ❶ d'une masse d'air humide (par convection, ou en raison de l'arrivée d'un front froid) forme un cumulus ❷. Si l'air est instable, les courants chauds ❸ continuent de monter, faisant croître le nuage jusqu'au stade cumulo-nimbus ❹. Lorsqu'il atteint la tropopause, le nuage cesse de se développer en hauteur et se charge de cristaux de glace qui amorcent le processus de précipitation. L'orage entre alors dans sa phase de maturité : l'air froid et lourd du sommet redescend brusquement sous la forme de forts courants ❺ accompagnés d'éclairs ❻ et de violentes averses ❼. L'orage se dissipe lorsque les vents ❽ issus du sommet refroidissent le sol au point de priver le nuage de l'air chaud qui l'alimentait. Le cumulo-nimbus se désagrège, la pluie cesse et il ne reste plus dans le ciel que quelques cirrus et altocumulus inoffensifs.

Le cycle complet ne dure pas plus d'une heure, mais les vents qui continuent de se propager après la dissipation de l'orage peuvent rencontrer de nouvelles masses d'air chaud et humide, et ainsi déclencher le développement d'une nouvelle cellule orageuse. On parle alors d'un orage multicellulaire.

Les précipitations

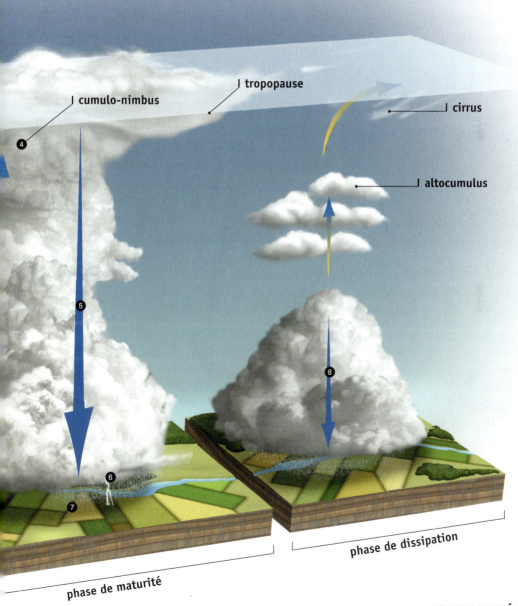

L'INSTABILITÉ DE L'AIR

Une bulle d'air qui monte subit un refroidissement adiabatique (dû à l'altitude) de 1 °C tous les 100 mètres environ. Si la température de l'air environnant diminue plus rapidement, l'air est dit instable. Plus chaude que le milieu, la bulle continue donc à monter. Si l'air de cette bulle est humide, il se condense en se refroidissant et libère de la chaleur latente qui favorise la poursuite du processus.

Éclairs et tonnerre
De l'électricité dans l'air

Les précipitations

Chaque seconde, plusieurs centaines d'éclairs crépitent autour de la Terre. Ces étincelles géantes sont dues aux décharges électriques qu'on appelle la foudre et qui se produisent au cours de la phase de maturité d'un orage. Particulièrement spectaculaire, ce phénomène peut également se révéler très dangereux : avec un courant électrique de l'ordre de 100 000 ampères, la foudre cause la mort de centaines de personnes chaque année. Elle est aussi responsable de nombreux incendies, courts-circuits, coupures de courant et perturbations électromagnétiques.

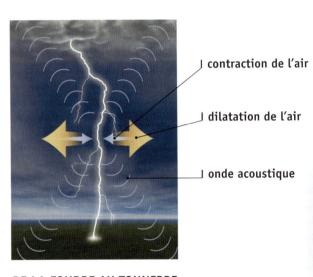

DE LA FOUDRE AU TONNERRE

En se transmettant à l'air environnant, la très grande chaleur de la foudre (30 000 °C) provoque sa brusque dilatation, suivie d'une contraction. Ce double mouvement crée une onde de choc qui se transforme en onde acoustique, le tonnerre.

Provenant de toute la longueur de l'éclair, le tonnerre ne parvient pas à un observateur comme un bruit sec mais plutôt comme un **grondement**.

LE RETARD DU TONNERRE

Alors que nous percevons presque instantanément l'éclat d'un éclair, le tonnerre nous parvient avec un léger retard, car la vitesse du son est moins grande que celle de la lumière. En comptant le nombre de secondes de retard et en le divisant par 3, on obtient une bonne estimation de la distance (en kilomètres) du lieu où est tombée la foudre.

COMMENT SE FORME UN ÉCLAIR ENTRE UN NUAGE ET LE SOL

Par un processus qui n'est pas encore totalement expliqué, les courants d'air ❶ distribuent des charges positives ❷ au sommet du nuage d'orage et des charges négatives ❸ à sa base. En réaction, le sol situé sous le nuage se charge positivement ❹. Il se crée ainsi un champ électrique qui s'accroît jusqu'à ce que l'air, qui joue normalement le rôle d'isolant, cède. Un flux d'électrons jaillit alors de la zone négative : c'est le précurseur ❺, une étincelle invisible qui se déplace à 200 km/s selon une trajectoire irrégulière. Arrivé à proximité du sol, le précurseur attire un flux positif ❻. Lorsque les deux étincelles se rejoignent, elles forment un canal d'air ionisé de quelques centimètres de diamètre le long duquel remonte un courant positif très puissant, l'arc de retour ❼. Cette décharge électrique produit la ligne lumineuse de l'éclair.

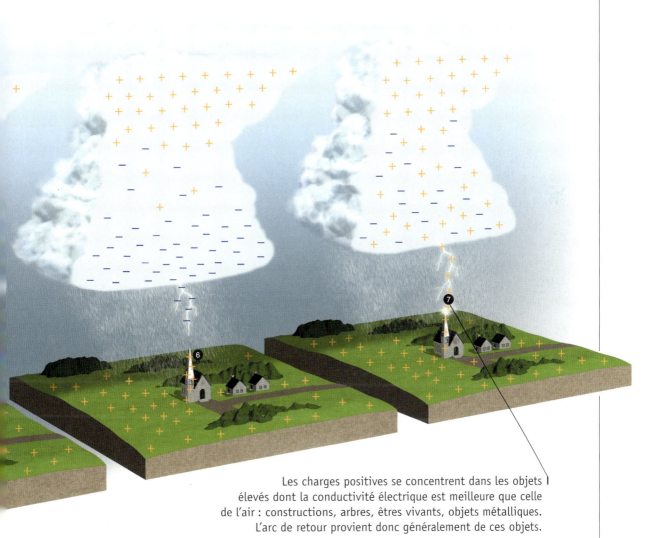

Les charges positives se concentrent dans les objets élevés dont la conductivité électrique est meilleure que celle de l'air : constructions, arbres, êtres vivants, objets métalliques. L'arc de retour provient donc généralement de ces objets.

DIFFÉRENTS TYPES D'ÉCLAIRS

Même s'ils sont les plus spectaculaires, seuls 20 % des éclairs frappent le sol ❶. Les autres se produisent entre deux nuages ❷, à l'intérieur d'un même nuage ❸ (les plus fréquents) ou même entre un nuage et l'air environnant ❹. Tous ont cependant en commun de relier une zone chargée négativement à une zone chargée positivement, obéissant à la règle qui veut que des charges électriques opposées s'attirent.

Les précipitations

La naissance d'un cyclone
Les ingrédients d'une tempête tropicale géante

Les précipitations

Andrew, Hugo, Allen, Mitch : sous ces prénoms se cachent quelques-uns des phénomènes météorologiques les plus dévastateurs, les cyclones. Au plus fort de leur développement, ces tempêtes tropicales géantes peuvent s'accompagner de vents soufflant à plus de 250 km/h. Les cyclones n'ont pourtant besoin que de quelques ingrédients pour s'amorcer : une vaste masse d'eau chaude, une dépression initiale et des vents modérés soufflant dans une direction constante.

LA FORMATION D'UN CYCLONE

Lorsque la couche superficielle ❶ de l'océan s'échauffe sous l'action du Soleil, de forts courants ascendants d'air chaud et humide se forment par convection, créant ainsi une zone de basse pression ❷. Cette situation provoque la convergence de vents ❸ de faible altitude, eux aussi chargés d'humidité, qui alimentent le mouvement ascensionnel ❹. Au contact d'air plus froid, la vapeur d'eau se condense ❺ et forme un nuage orageux. La chaleur latente ❻ dégagée par la condensation accélère l'ascension de l'air au sein d'une colonne ❼ qui aspire de nouvelles masses d'air chaud et humide ❽ de moyenne altitude. Au sommet du nuage, des vents divergents ❾ se forment et l'air est expulsé. En redescendant ❿, l'air se réchauffe et subit l'aspiration de la zone de basse pression de surface. Le processus cyclonique est amorcé.

Des **vents** modérés et constants à toutes les altitudes évitent la dispersion de la chaleur de la tempête en formation.

Pour alimenter le cyclone, la **surface de l'océan** doit être chauffée à une température minimale de 27 °C sur une profondeur d'au moins 70 m.

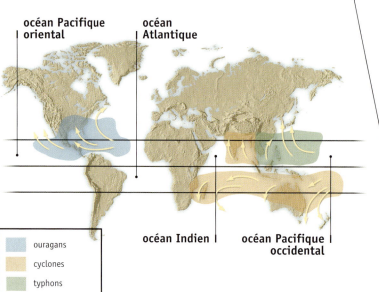

océan Pacifique oriental | océan Atlantique | océan Indien | océan Pacifique occidental

- ouragans
- cyclones
- typhons

CYCLONES, OURAGANS OU TYPHONS ?

Les cyclones naissent exclusivement dans la zone intertropicale entre 5° et 20° de latitude, de part et d'autre de l'équateur, et portent des noms différents selon les régions. On parle ainsi de typhons dans le nord-ouest du Pacifique, d'ouragans dans l'Atlantique Nord et le nord-est du Pacifique, de cyclones dans l'océan Indien et le sud-ouest du Pacifique.

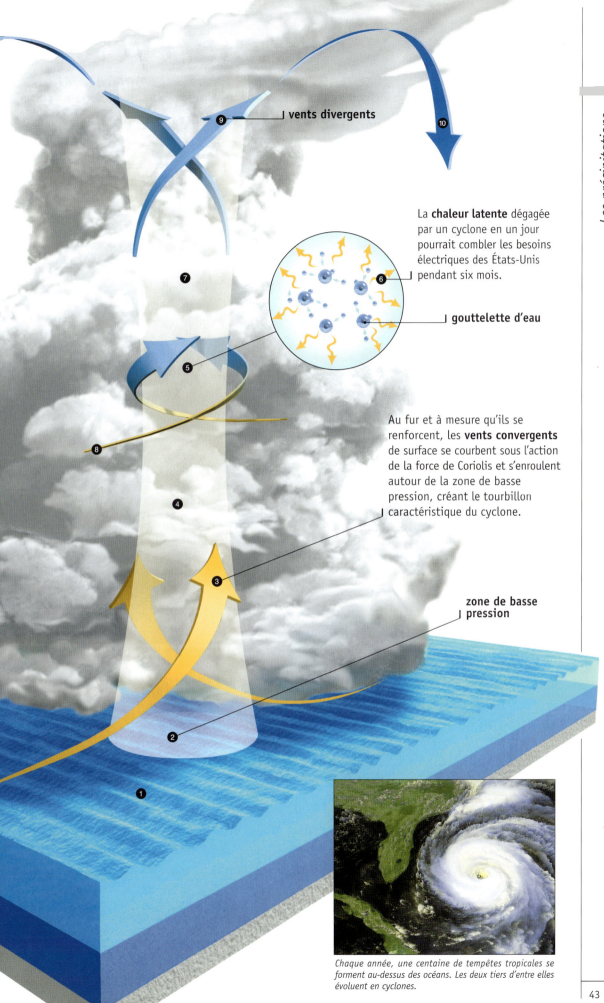

L'intérieur d'un cyclone
Un formidable moteur thermique

Les précipitations

À la manière de gigantesques machines à vapeur, les cyclones transforment en mouvement circulaire la chaleur humide de l'atmosphère et des océans. Ce mécanisme joue un rôle primordial dans l'équilibre énergétique de la planète, mais il est aussi responsable de la mort de 20 000 personnes en moyenne chaque année.

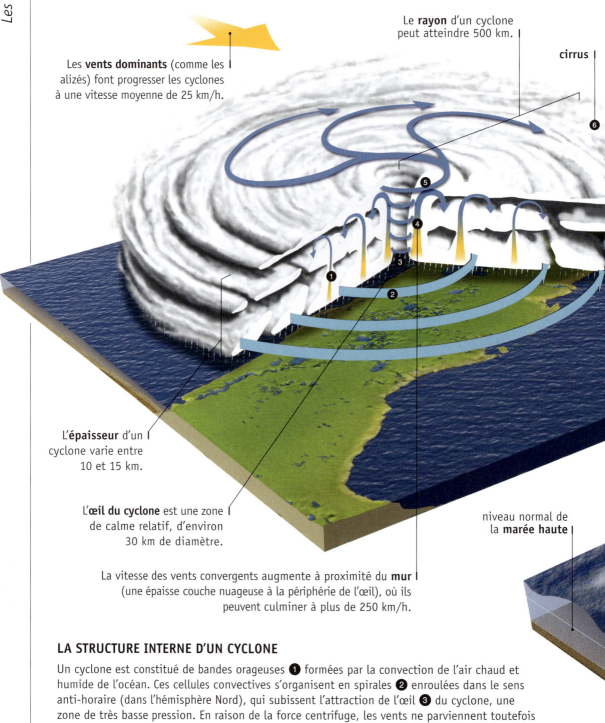

Les **vents dominants** (comme les alizés) font progresser les cyclones à une vitesse moyenne de 25 km/h.

Le **rayon** d'un cyclone peut atteindre 500 km.

cirrus

L'**épaisseur** d'un cyclone varie entre 10 et 15 km.

L'**œil du cyclone** est une zone de calme relatif, d'environ 30 km de diamètre.

niveau normal de la **marée haute**

La vitesse des vents convergents augmente à proximité du **mur** (une épaisse couche nuageuse à la périphérie de l'œil), où ils peuvent culminer à plus de 250 km/h.

LA STRUCTURE INTERNE D'UN CYCLONE

Un cyclone est constitué de bandes orageuses ❶ formées par la convection de l'air chaud et humide de l'océan. Ces cellules convectives s'organisent en spirales ❷ enroulées dans le sens anti-horaire (dans l'hémisphère Nord), qui subissent l'attraction de l'œil ❸ du cyclone, une zone de très basse pression. En raison de la force centrifuge, les vents ne parviennent toutefois pas jusqu'à l'œil et atteignent le maximum de leur vitesse dans le mur ❹ du cyclone, où ils tourbillonnent en montant. Parvenu au sommet ❺ du nuage, l'air est entraîné dans le sens horaire (dans l'hémisphère Nord) vers la périphérie du cyclone, où il forme des cirrus ❻.

L'OCÉAN ASPIRÉ PAR LE CYCLONE

Les cyclones s'accompagnent d'un phénomène inhabituel et dévastateur : la marée de tempête. Poussée par les violents vents convergents, aspirée par la dépression, la surface de l'océan se soulève de plusieurs mètres en dessous de l'œil du cyclone ❶. Lorsque le cyclone atteint la côte, cette masse d'eau se déverse sur le littoral et cause des inondations ❷.

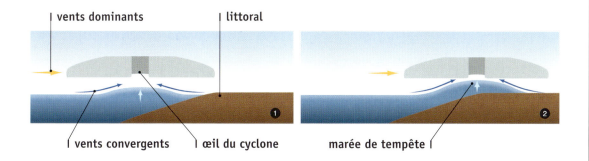

LES DÉGÂTS CAUSÉS PAR UN CYCLONE

Les effets destructeurs d'un cyclone se font sentir lorsqu'il atteint une côte. Les vents violents arrachent les arbres et dévastent les constructions. Les pluies torrentielles font déborder les rivières et causent des glissements de terrain. Enfin, les marées de tempête causent des inondations souvent dramatiques : plus de 300 000 personnes ont péri noyées lors du passage d'un cyclone au Bangladesh en 1970, lorsque la mer s'était soulevée de 12 m.

Les précipitations

Vie et mort d'un cyclone
Une évolution de mieux en mieux connue

À l'aide de satellites, d'avions, de radars et de sondes, les scientifiques étudient les cyclones depuis 50 ans afin de mieux comprendre leur évolution, de la formation d'une dépression tropicale jusqu'à la dissipation de la tempête. Même si le phénomène est aujourd'hui bien connu, il est encore impossible de prévoir plusieurs jours à l'avance la trajectoire précise d'un cyclone : celui-ci peut changer brusquement de direction et même revenir sur ses pas.

L'ÉVOLUTION D'UN CYCLONE

Lorsqu'une perturbation s'organise autour d'une zone de basse pression où soufflent des vents de 37 à 62 km/h, on parle de **dépression tropicale** ❶. La dépression évolue en **tempête tropicale** ❷ : les basses pressions se creusent, tandis que les vents forcissent entre 63 et 117 km/h. Une tempête tropicale devient un **cyclone** ❸ lorsque la vitesse des vents dépasse 118 km/h. Dans l'œil qui se forme au centre de la masse nuageuse, la pression descend en dessous de 980 hPa. Privé de sa source d'énergie principale, l'eau chaude, le cyclone s'affaiblit très rapidement. La **phase de dissipation** ❹ commence quelques heures à peine après qu'il a pénétré au-dessus des terres.

Un **avion** équipé d'instruments de mesures météorologiques entre dans l'œil du cyclone afin d'y laisser descendre une sonde qui permettra d'obtenir des données précises sur le comportement du cyclone.

LA CLASSIFICATION DES CYCLONES

L'échelle Saffir-Simpson définit cinq catégories de cyclones en fonction de la pression atmosphérique, de la vitesse des vents et de la hauteur de la marée de tempête. Elle permet de prévoir l'importance des dégâts.

catégorie	1	2	3	4	5
pression	> 980 hPa	965 - 980 hPa	945 - 964 hPa	920 - 944 hPa	< 920 hPa
vitesse des vents	118 - 152 km/h	153 - 176 km/h	177 - 208 km/h	209 - 248 km/h	> 248 km/h
hauteur de marée	1,20 - 1,50 m	1,60 - 2,40 m	2,50 - 3,60 m	3,70 - 5,40 m	> 5,40 m

Entraînés par les **alizés**, les cyclones se déplacent d'abord d'est en ouest puis tendent à s'éloigner de l'équateur. Parvenus dans les régions subtropicales, ils rencontrent des vents dominants d'ouest qui incurvent leur trajectoire vers le nord ou même le nord-est (vers le sud ou le sud-est dans l'hémisphère Sud). Certains peuvent ainsi atteindre des latitudes de 40° à 45°.

NOMMER LES CYCLONES

Les tempêtes tropicales et les cyclones sont identifiés par des prénoms alternativement masculins et féminins classés dans l'ordre alphabétique. Ces listes, préparées à l'avance par l'Organisation météorologique mondiale, reviennent tous les cinq ans, à l'exception des noms des cyclones les plus meurtriers, qui sont retirés. Andrew, Gilbert, Hugo ou Allen ne seront ainsi jamais plus utilisés.

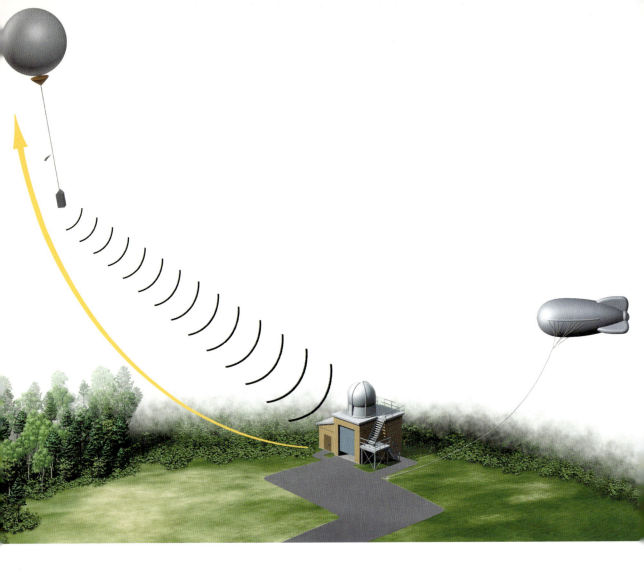

Quel temps fera-t-il demain ? Pour répondre à cette question, les météorologues disposent d'un vaste réseau de stations d'observation disséminées tout autour de la planète. Jour et nuit, des instruments de mesure recueillent des données à la surface du sol et des mers, tandis que des radars, des ballons et des satellites scrutent l'atmosphère, à l'affût des vents, des nuages et des précipitations.

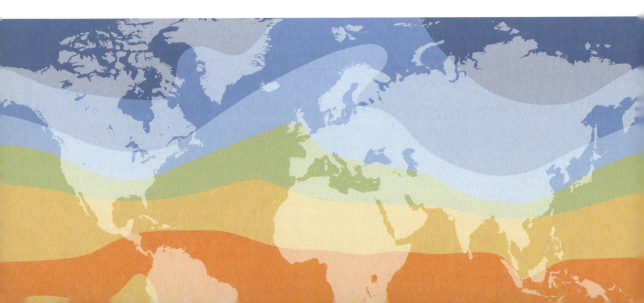

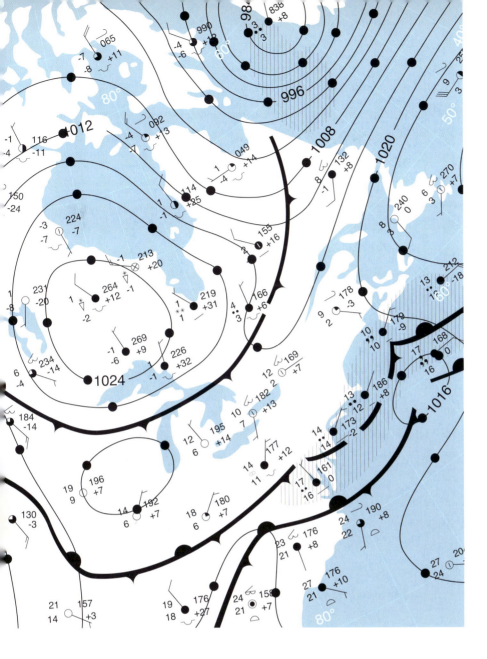

La météorologie

50 **Les instruments de mesure**
L'acquisition de données météorologiques

52 **Mesurer la température**
L'agitation de la matière

54 **Ballons et radars**
Scruter l'atmosphère à distance

56 **Les satellites géostationnaires**
Des jumelles braquées en permanence sur la Terre

58 **Les satellites à défilement**
D'un pôle à l'autre

60 **Les cartes météorologiques**
De l'observation à la prévision

62 **Lire une carte météo**
Des conventions graphiques pour exprimer le temps

Les instruments de mesure
L'acquisition de données météorologiques

Direction et force du vent, température et humidité de l'air, durée d'ensoleillement, pression barométrique, précipitations : chacune de ces variables est mesurée quotidiennement par les 12 000 stations météorologiques réparties autour de la Terre. Transmises à l'Organisation météorologique mondiale, ces observations alimentent les modèles informatiques qui élaborent les prévisions météorologiques.

MESURER L'ENSOLEILLEMENT

Deux instruments différents sont utilisés pour mesurer la quantité de rayonnement solaire et la durée de l'ensoleillement.

Le **pyranomètre** enregistre le rayonnement diffus du ciel à l'aide d'une thermopile. Il est équipé d'un pare-soleil faisant obstacle aux rayons solaires directs.

L'**héliographe** est constitué d'une sphère de verre qui focalise les rayons solaires à la manière d'une loupe. La longueur de la trace de brûlure sur la carte graduée placée en dessous de la sphère permet de déterminer la durée et le moment de l'ensoleillement.

pare-soleil

sphère de verre

porte-cartes

thermopile

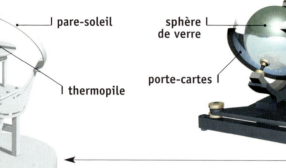

MESURER LES PRÉCIPITATIONS

On détermine l'importance des pluies en mesurant la hauteur d'eau accumulée dans un récipient appelé **pluviomètre**. La pluie est recueillie à l'aide d'un entonnoir qui la dirige dans une éprouvette graduée.

entonnoir collecteur

Le **nivomètre** est un simple récipient. La neige qui s'y accumule est fondue, puis l'eau liquide obtenue est mesurée à l'aide d'une éprouvette.

auget basculeur

Un **enregistreur** capte le signal électrique émis par l'auget.

L'**éprouvette** est graduée de façon à tenir compte du rapport entre son diamètre et celui de l'entonnoir.

Le **pluviographe** permet de mémoriser la quantité de pluie tombée tout au long de la journée. Un auget basculeur émet une impulsion électrique chaque fois que le poids de l'eau accumulée le force à basculer et à se vider dans un récepteur.

MESURER LA PRESSION

L'instrument classique de mesure de la pression atmosphérique est le **baromètre** à mercure. Il se compose d'un tube rempli de mercure et plongé dans une cuvette contenant elle aussi du mercure. Soumise aux variations du poids de l'air, donc de la pression, la colonne de mercure monte plus ou moins dans le tube.

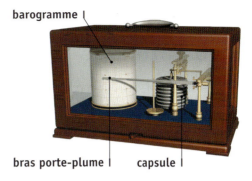

barogramme

bras porte-plume | capsule

| tube

| cuvette

Le **barographe anéroïde** enregistre les variations de pression atmosphérique. La pression exerce une certaine force sur une capsule dans laquelle on a fait le vide. En se contractant ou en se dilatant, celle-ci transmet un mouvement à un bras porte-plume, qui laisse une trace sur un barogramme (feuille de papier déroulant).

MESURER LE VENT

La force et la direction du vent sont mesurées à l'aide de deux instruments distincts. L'**anémomètre** utilise des coupelles fixées autour d'un axe mobile pour capter le vent et traduire sa force en un mouvement giratoire mesurable. La **girouette** indique la direction du vent.

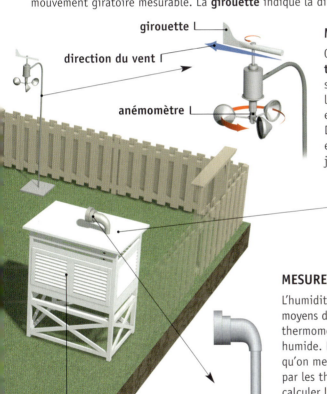

girouette

direction du vent

anémomètre

MESURER LA TEMPÉRATURE

On mesure la température ambiante à l'aide du **thermomètre**. Enfermée dans un tube gradué, une substance liquide, généralement du mercure ou de l'alcool, se dilate lorsque la température augmente et se contracte lorsque la température diminue. Des thermomètres à minimum et à maximum enregistrent les températures extrêmes d'une journée grâce à un système d'index mobiles.

Le **thermomètre** est placé dans une position presque horizontale.

MESURER L'HUMIDITÉ

L'humidité de l'air peut être mesurée par deux moyens différents. Le **psychromètre** se sert de deux thermomètres, dont l'un est entouré d'un tissu humide. L'évaporation provoque un refroidissement, qu'on mesure en comparant les valeurs affichées par les thermomètres. Cette donnée permet de calculer le taux d'humidité relative.

thermomètres

Un **tissu humidifié** enveloppe le réservoir de l'un des thermomètres.

Pour enregistrer l'humidité de l'air, l'**hygrographe** utilise des cheveux humains, qui ont la propriété de s'allonger par temps humide. Un stylet relié aux cheveux retranscrit continuellement les variations d'humidité sur un rouleau de papier.

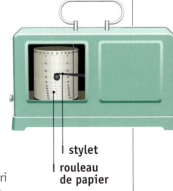

| stylet
| rouleau de papier

Les météorologues disposent une partie de leurs instruments dans un **abri de Stevenson**, une boîte peinte en blanc placée à 1,20 m du sol. Les côtés de l'abri sont munis de claires-voies qui assurent la circulation de l'air et empêchent les rayons du soleil d'atteindre directement les instruments.

La météorologie

Mesurer la température
L'agitation de la matière

Aussi curieux que cela puisse paraître, la température n'est rien d'autre qu'une mesure du mouvement de la matière. Tout corps possède donc une température, puisqu'il est composé de molécules qui s'agitent plus ou moins vite. Qu'elle soit exprimée en degrés Celsius (°C), en degrés Fahrenheit (°F) ou en kelvins (K), l'échelle des températures débute avec le zéro absolu, mais elle ne connaît pas de limite supérieure connue.

LE THERMOMÈTRE

Instrument de mesure de la température, le thermomètre capte l'énergie cinétique des molécules d'air lorsque celles-ci entrent en collision avec sa paroi de verre.

Si l'air se **réchauffe**, ses molécules s'activent et bombardent le thermomètre, de sorte que leur énergie cinétique est transmise au mercure ou à l'alcool contenu dans le tube de verre. En chauffant, le liquide se dilate et monte.

Plus l'air est **froid**, plus ses molécules bougent lentement. Les interactions avec le verre du thermomètre sont faibles.

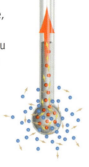

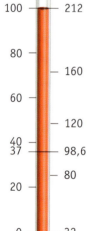

LES DEGRÉS CELSIUS ET FAHRENHEIT

Inventée en 1742 par le physicien suédois Anders Celsius, la graduation Celsius (°C) est basée sur deux températures de base, celles de la congélation et de l'ébullition de l'eau (à la pression de une atmosphère), qui ont été arbitrairement fixées à 0 °C et 100 °C. Bien que la graduation Celsius fasse partie du système international, quelques pays utilisent encore l'ancienne graduation Fahrenheit, mise au point par le physicien allemand Daniel Fahrenheit en 1709. Cette échelle est basée sur la plus faible température observée à cette époque (0 °F) et sur une mesure inexacte de la température du corps humain (100 °F). L'eau gèle à 32 °F et bout à 212 °F.

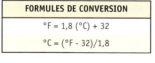

FORMULES DE CONVERSION
$$°F = 1{,}8\ (°C) + 32$$
$$°C = (°F - 32)/1{,}8$$

0 K (-273 °C)
zéro absolu

184 K (-89 °C)
température atmosphérique
la plus basse sur Terre,
Vostok (Antarctique)

273 K (0 °C)
fusion de l'eau

331 K (58 °C)
température atmosphérique
la plus haute sur Terre,
El Azizia (Libye)

LES ISOTHERMES

La température annuelle moyenne à la surface de la Terre est d'environ 15 °C, mais il existe de grandes différences selon la latitude et le moment de l'année. Les isothermes sont des lignes imaginaires reliant, sur une carte, les lieux dont la température est identique à un moment donné. Ils permettent notamment d'observer l'évolution des températures au fil des saisons.

La météorologie

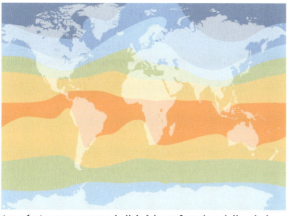

températures moyennes de l'air à la surface du sol (janvier)

températures moyennes de l'air à la surface du sol (juillet)

- \> 25 °C
- 15 °C à 25 °C
- 5 °C à 15 °C
- -10 °C à 5 °C
- -30 °C à -10 °C
- < -30 °C

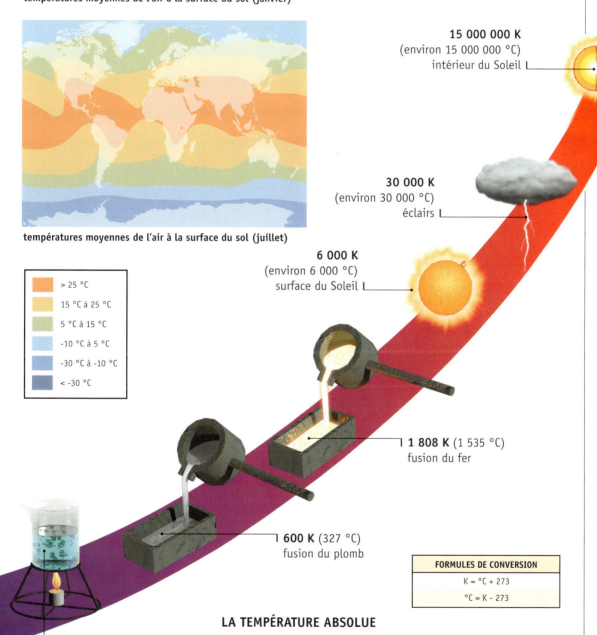

15 000 000 K (environ 15 000 000 °C) intérieur du Soleil

30 000 K (environ 30 000 °C) éclairs

6 000 K (environ 6 000 °C) surface du Soleil

1 808 K (1 535 °C) fusion du fer

600 K (327 °C) fusion du plomb

373 K (100 °C) ébullition de l'eau

FORMULES DE CONVERSION
K = °C + 273
°C = K - 273

LA TEMPÉRATURE ABSOLUE

Quels que soient les efforts mis en œuvre, il n'est pas possible de dépasser une température minimale, dite zéro absolu. Cette valeur, qui est environ de -273 °C, sert de base à la graduation Kelvin (K). Une température de 0 K correspond donc à l'état – inaccessible – de la matière absolument privée de mouvement moléculaire.

Ballons et radars
Scruter l'atmosphère à distance

La météorologie

Les stations météorologiques terrestres mesurent de nombreuses données au niveau du sol, mais elles ne disent rien sur l'état de l'atmosphère. L'acquisition d'informations sur les différentes couches d'air et de nuages, qui permettent de suivre l'évolution des phénomènes météorologiques, s'effectue par ballons-sondes et par radars.

VIE ET MORT D'UN BALLON-SONDE

Gonflé à l'aide d'un gaz léger (généralement l'hélium), le ballon-sonde s'élève ❶ dans l'atmosphère à une vitesse moyenne de 5 m/s. Pendant l'ascension, la radiosonde ❷ accumule des mesures et les transmet par radio ❸ à la station météorologique ❹. Lorsque le ballon-sonde atteint une trentaine de kilomètres d'altitude, la faible pression de l'air le fait éclater ❺. Un petit parachute ❻ se déploie pour freiner la chute de la radiosonde.

Grâce au **parachute,** la sonde touche le sol à 20 km/h (au lieu de 100 km/h en chute libre).

Le **ballon surpressurisé** est revêtu d'une enveloppe renforcée qui lui permet de résister aux variations de la pression atmosphérique. Il se stabilise à altitude constante dans les couches supérieures de la stratosphère (35 km d'altitude). Pendant plusieurs mois, il se déplace au gré des courants, en transmettant des données par satellite.

Le **réflecteur** est une structure de papier qui sert de cible au radar.

La **radiosonde,** une mini-station météorologique automatique, est équipée de capteurs chargés de mesurer la pression, la température et l'humidité de l'air. Elle est aussi capable de déterminer sa position, ce qui permet de suivre la trajectoire du ballon.

Le réseau mondial de radiosondage, qui rassemble 1 500 **stations,** lâche des milliers de ballons météorologiques chaque jour.

Retenu par un câble à 150 m d'altitude, le **ballon captif** analyse la température et l'humidité de l'air ainsi que la vitesse et la direction du vent.

LES RADARS MÉTÉOROLOGIQUES

En émettant des micro-ondes puis en mesurant l'intensité du rayonnement qui revient dans sa direction, le radar déduit la présence, la position et la taille d'obstacles. La précision des appareils les plus modernes leur permet de détecter des masses aussi réduites que des gouttes de pluie.

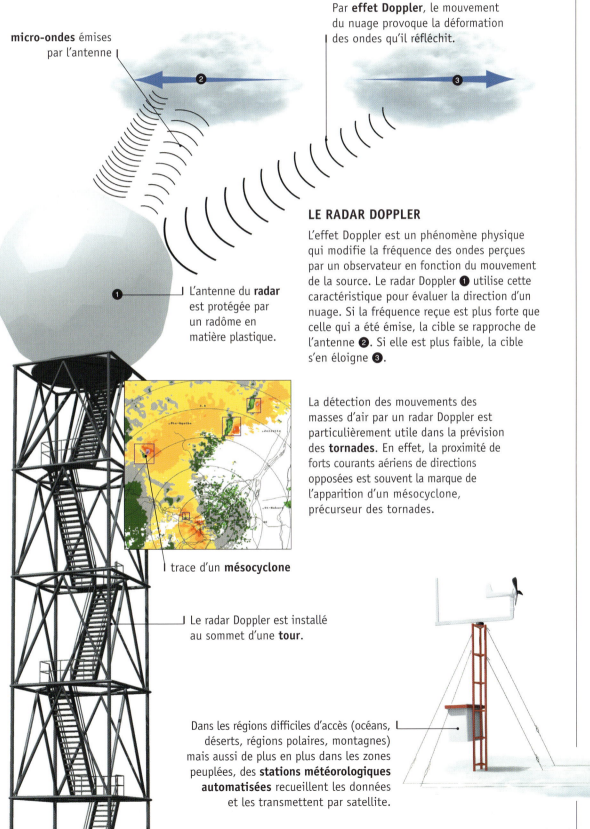

micro-ondes émises par l'antenne

Par **effet Doppler**, le mouvement du nuage provoque la déformation des ondes qu'il réfléchit.

LE RADAR DOPPLER

L'effet Doppler est un phénomène physique qui modifie la fréquence des ondes perçues par un observateur en fonction du mouvement de la source. Le radar Doppler ❶ utilise cette caractéristique pour évaluer la direction d'un nuage. Si la fréquence reçue est plus forte que celle qui a été émise, la cible se rapproche de l'antenne ❷. Si elle est plus faible, la cible s'en éloigne ❸.

L'antenne du **radar** est protégée par un radôme en matière plastique.

La détection des mouvements des masses d'air par un radar Doppler est particulièrement utile dans la prévision des **tornades**. En effet, la proximité de forts courants aériens de directions opposées est souvent la marque de l'apparition d'un mésocyclone, précurseur des tornades.

trace d'un **mésocyclone**

Le radar Doppler est installé au sommet d'une **tour**.

Dans les régions difficiles d'accès (océans, déserts, régions polaires, montagnes) mais aussi de plus en plus dans les zones peuplées, des **stations météorologiques automatisées** recueillent les données et les transmettent par satellite.

La météorologie

Les satellites géostationnaires
Des jumelles braquées en permanence sur la Terre

Le réseau des stations météorologiques terrestres quadrille assez bien la surface des continents, mais ce n'est pas le cas des océans. Les deux tiers de la planète échappent donc à l'observation directe. Équipés de capteurs continuellement dirigés vers la planète, les satellites pallient cette carence et permettent aux météorologues de suivre l'évolution des masses nuageuses, la formation des cyclones ou encore le développement des banquises.

LES IMAGES PRISES PAR SATELLITE

À l'aide de radiomètres, les satellites captent les radiations provenant de la Terre. Le rayonnement visible ne peut être mesuré qu'en plein jour, alors que le rayonnement infrarouge, compris entre la lumière visible et les micro-ondes, peut être observé jour et nuit. Les données acquises par les satellites sont ensuite utilisées pour créer des images de synthèse illustrant la répartition de différents phénomènes autour de la planète.

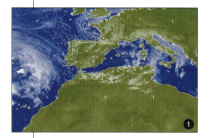 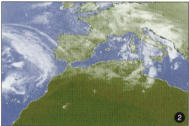 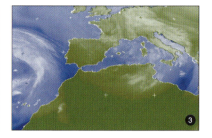

Une image élaborée à partir du rayonnement visible montre les continents et les mers, en partie couverts par les nuages ❶. L'absence de couverture nuageuse au-dessus du Sahara révèle les conditions anticycloniques qui y règnent.

Dans le spectre infrarouge, plusieurs éléments peuvent être reconnus selon la longueur d'onde choisie. L'infrarouge thermique sert à repérer les variations de température : cette longueur d'onde permet notamment de distinguer les nuages de haute altitude (plus froids) et les nuages bas (plus chauds) ❷.

Une autre longueur d'onde du spectre infrarouge fait apparaître la répartition de la vapeur d'eau dans l'atmosphère ❸.

LES IMAGES COMPOSITES

Les données météorologiques provenant des différents satellites géostationnaires et des stations terrestres peuvent être combinées numériquement pour former une image composite de la Terre. Selon le besoin ou l'effet recherché, on peut y faire figurer un seul paramètre, comme la température du sol ou la concentration de vapeur d'eau, ou plusieurs informations complémentaires.

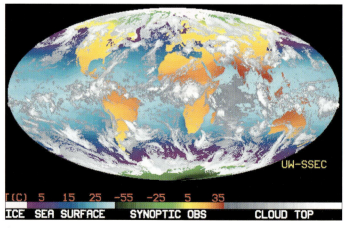

Élaborée à l'aide de différentes données recueillies le 6 juin 2000, cette image composite combine la température du sol, celle de la surface des mers et l'altitude du sommet des nuages.

UNE CEINTURE DE SATELLITES

Les satellites géostationnaires gravitent au-dessus de l'équateur, à 36 000 km d'altitude. Parce que leur déplacement est synchronisé avec la rotation de la Terre, ils couvrent toujours la même région.

Cinq satellites météorologiques géostationnaires sont répartis autour de la planète : les américains *GOES-Ouest* et *GOES-Est*, l'européen *Météosat*, le russe *GOMS* et le japonais *GMS*. Leurs zones d'observation, qui se recoupent en partie, couvrent la quasi-totalité de la surface terrestre, à l'exception des régions polaires. Ils participent à la Veille météorologique mondiale, un programme de coopération internationale mis sur pied par l'Organisation météorologique mondiale en 1961.

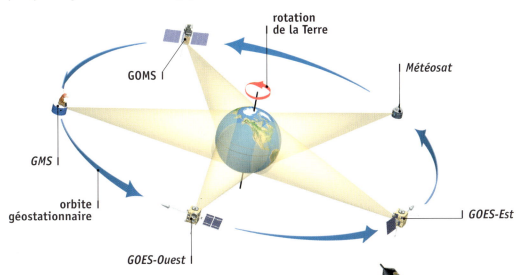

MÉTÉOSAT, LONGITUDE 0°

Météosat, le satellite géostationnaire européen d'observation de la Terre, est positionné au-dessus du méridien de Greenwich et couvre principalement l'Afrique et l'Europe. Il tourne sur lui-même à la vitesse de 100 tours par minute en observant la surface terrestre. Son radiomètre recueille des données atmosphériques dans 12 canaux de fréquences différentes.

Les **panneaux solaires** pivotent autour d'un axe afin de suivre le mouvement apparent du Soleil.

Le **radiomètre** est l'instrument qui sert à mesurer les radiations.

panneaux solaires

GOES, AU-DESSUS DE L'AMÉRIQUE

GOES-Est et *GOES-Ouest* sont deux satellites géostationnaires d'observation environnementale américains, placés respectivement à 75° et 135° de latitude ouest. Chaque satellite GOES est équipé de deux radiomètres spécialisés : un sondeur et un imageur.

Le **sondeur** scrute l'atmosphère terrestre dans 19 canaux différents.

L'**imageur** est capable d'observer une vaste zone par balayage.

Le **magnétomètre** mesure le champ magnétique terrestre.

Les satellites à défilement

D'un pôle à l'autre

Contrairement aux satellites géostationnaires, dont la position par rapport à la Terre ne change pas, les satellites à défilement tournent constamment autour de la planète selon une orbite polaire. Leur basse altitude (entre 700 et 1 500 km) leur permet de scruter le sol, les mers et l'atmosphère avec une grande précision. Transmises régulièrement vers la Terre, les données recueillies servent à élaborer des modèles météo et à suivre l'évolution des paysages.

orbite du satellite | sens de rotation de la Terre

L'ORBITE POLAIRE

La plupart des satellites à orbite polaire effectuent 14 révolutions quotidiennes, qui suffisent à couvrir la totalité de la surface terrestre. En raison de la rotation de la Terre, la zone qu'ils survolent est décalée vers l'ouest à chaque passage, mais puisque leur orbite est synchronisée avec le Soleil, les mêmes régions sont scrutées tous les jours à heures fixes.

LES SATELLITES MÉTÉO DES MILITAIRES AMÉRICAINS

Le programme DMSP coordonne plusieurs satellites météorologiques qui recueillent divers types de données destinées aux opérations du département de la Défense des États-Unis. En 2010, ces activités fusionneront avec le programme civil de la NOAA.

Prise de nuit dans le spectre visible grâce à l'éclairage de la pleine lune, cette image montre le développement d'une tempête dans la Méditerranée. Les villes illuminées apparaissent comme des taches blanches.

panneau solaire | radiomètre

LES SATELLITES TIROS

Les satellites américains d'observation météorologique de la série TIROS survolent la Terre depuis 1960. Ils sont équipés de radiomètres qui détectent les rayonnements visibles et infrarouges, ainsi que de capteurs à micro-ondes AMSU, capables de mesurer la température à différentes altitudes, même par temps couvert. Afin de réduire les délais entre deux prises de vue, deux satellites sont utilisés simultanément.

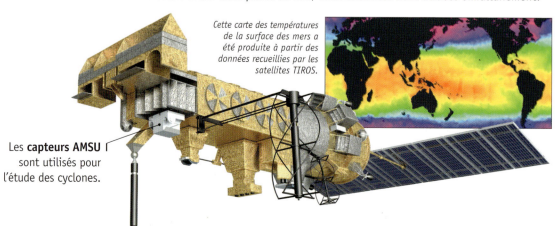

Cette carte des températures de la surface des mers a été produite à partir des données recueillies par les satellites TIROS.

Les **capteurs AMSU** sont utilisés pour l'étude des cyclones.

TERRA, À L'AFFÛT DES CHANGEMENTS CLIMATIQUES

Lancé en décembre 1999, le satellite américain *Terra* tourne autour de la Terre à 705 km d'altitude. Ses cinq instruments mesurent simultanément les propriétés des nuages, de la surface terrestre, des océans, de la végétation, des particules et des gaz de l'atmosphère, ainsi que leurs interactions. Ces données permettent aux météorologues de prévoir les changements climatiques importants.

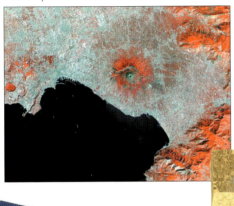

L'observation de l'état de l'atmosphère au-dessus du Vésuve par les radiomètres ASTER permet de déceler rapidement un réveil éventuel du volcan.

panneau solaire

antenne

Le système **ASTER** comprend trois radiomètres de très haute résolution (de 15 à 90 m).

Les neuf caméras du radiomètre **MISR** pointent vers la Terre dans des angles différents.

LE SATELLITE EUROPÉEN *METOP*

Les Européens doivent lancer en 2003 leur premier satellite météo à défilement, *Metop*, qui fait partie d'un programme d'étude conjoint avec les États-Unis. Placé à 840 km d'altitude, *Metop* est chargé de recueillir notamment des données sur la température et l'humidité de l'atmosphère, la vitesse des vents, la couche d'ozone, la végétation et la couverture des glaces.

Le **sondeur à micro-ondes** mesure les températures de l'atmosphère.

Le **GOME** est un appareil qui mesure la concentration d'ozone de l'atmosphère.

Un **radiomètre à très haute résolution** observe la Terre dans six bandes spectrales différentes.

panneau solaire

Un **sondeur infrarouge** étudie les températures atmosphériques avec une très grande précision.

En mesurant la vitesse et la direction des vents à la surface des mers, le **diffusiomètre** permet de dresser une carte des champs de vents.

sondeur d'humidité à micro-ondes

Le **système de collecte de données** Argos sert de relais aux stations automatisées d'observation environnementale.

La météorologie

Les cartes météorologiques
De l'observation à la prévision

La météorologie

Outils indispensables aux météorologues, les cartes météo sont plus éloquentes que la simple observation du ciel, car elles permettent de visualiser une vaste zone géographique en condensant un grand nombre de renseignements. Des millions de mesures effectuées quotidiennement autour de la planète sont nécessaires à la production des cartes synoptiques, qui rendent compte de l'état de l'atmosphère à un moment précis, et à celle des cartes de prévision, qui indiquent l'évolution probable des conditions atmosphériques.

LA COLLECTE DES DONNÉES

Plusieurs fois par jour, à heures fixes, des relevés sont effectués dans le réseau des stations météorologiques terrestres. Sur les océans, les informations sont collectées par les navires et par des stations automatiques arrimées à des bouées. L'état de l'atmosphère à différentes altitudes est observé par les ballons-sondes, les avions et les satellites, tandis que les radars terrestres scrutent la nature et l'intensité des précipitations. L'ensemble de ces données (humidité, températures, précipitations, vents, nuages, pression, couverture nuageuse) est centralisé, corrigé puis traité par de puissants ordinateurs.

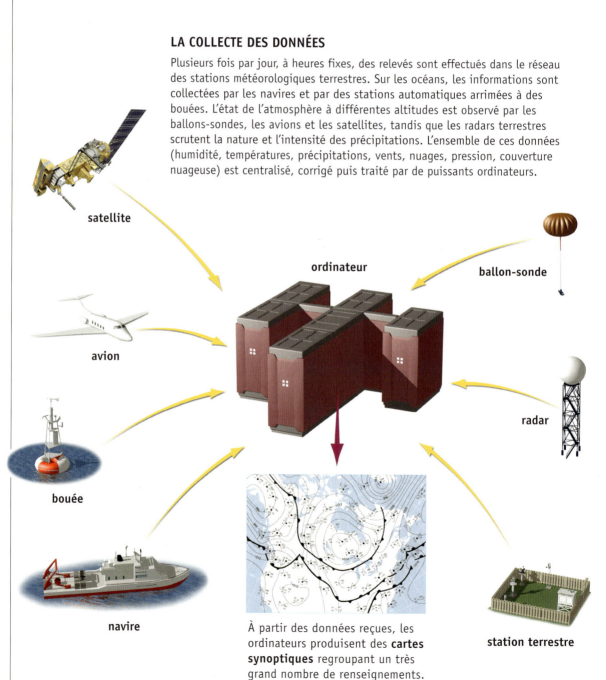

satellite
avion
bouée
navire
ordinateur
ballon-sonde
radar
station terrestre

À partir des données reçues, les ordinateurs produisent des **cartes synoptiques** regroupant un très grand nombre de renseignements.

LA PRÉVISION DU TEMPS

Établir une prévision météorologique pour une zone particulière est une opération complexe impliquant de grandes quantités de données. Il faut bien sûr tenir compte des conditions atmosphériques relevées localement, mais aussi de leur interaction avec celles des régions environnantes. La grande capacité de calcul des ordinateurs, capables d'effectuer plusieurs milliards d'opérations par seconde, permet de produire des prévisions très rapidement, quelques minutes seulement après avoir reçu les données. Toutefois, le météorologue établit parfois des prévisions plus justes que l'ordinateur, car il nuance les calculs de la machine grâce à sa connaissance des facteurs locaux (reliefs, cours d'eau, etc.) qui influencent le temps. Les meilleures prévisions sont donc le fruit de la collaboration de l'homme et de l'ordinateur.

Pour les besoins des calculs de prévision, l'atmosphère terrestre est quadrillée selon une **grille tridimensionnelle** déterminant des millions de points. L'évolution future des conditions météorologiques est calculée pour chacun de ces points.

LES CARTES DE PRÉVISION

Les prévisions météorologiques sont généralement présentées au public par l'intermédiaire de cartes plus ou moins détaillées, qui indiquent la situation à venir dans une région, un pays ou même un océan. Certaines cartes privilégient des éléments particuliers, comme les cartes de météo marine ou les cartes de turbulence aérienne, destinées aux navigateurs et aux aviateurs. D'autres, créées pour le grand public, restent beaucoup plus générales. Quelles qu'elles soient, les cartes de prévision ne peuvent cependant jamais garantir le temps qu'il fera pour plus de trois ou quatre jours.

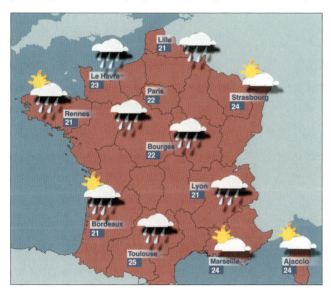

Les cartes de prévision destinées au **grand public** ne font apparaître que les températures, les précipitations et la couverture nuageuse prévues. Elles sont donc d'une lecture très simple. Les symboles graphiques utilisés par ce type de cartes ne sont pas normalisés : ils varient selon l'organisme qui produit la carte.

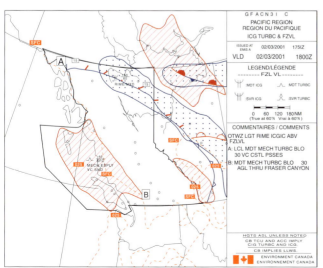

Aviateurs et transporteurs aériens utilisent des cartes signalant les **turbulences** prévues à haute ou à basse altitude dans une zone. Ces cartes emploient des symboles graphiques particuliers ainsi que des abréviations conventionnelles pour transmettre des informations parfois très complexes.

Sur cette carte de l'Ouest canadien, le hachurage rouge indique les zones de turbulence prévues, tandis que le givre pourrait affecter les avions volant dans les régions couvertes par un pointillé bleu.

Lire une carte météo
Des conventions graphiques pour exprimer le temps

La météorologie

À l'aide d'un langage graphique, une carte synoptique présente l'ensemble des informations transmises par les stations d'observation météorologique d'une région. D'autres signes conventionnels sont fréquemment tracés sur la carte pour en faciliter la lecture : les isobares, les lignes de fronts atmosphériques, les zones de basse et de haute pression, le hachurage des régions soumises à des précipitations.

LES FRONTS
- ▲▲▲ front froid
- ●●● front chaud
- ▲●▲● front occlus
- ●▲●▲ front stationnaire

Les courbes représentant les **fronts atmosphériques** sont garnies de signes (triangles ou demi-cercles) orientés dans la direction de leur progression.

Une zone de basse pression (ou **dépression**) est représentée par la lettre D.

Une zone de haute pression (ou **anticyclone**) est signalée par la lettre A.

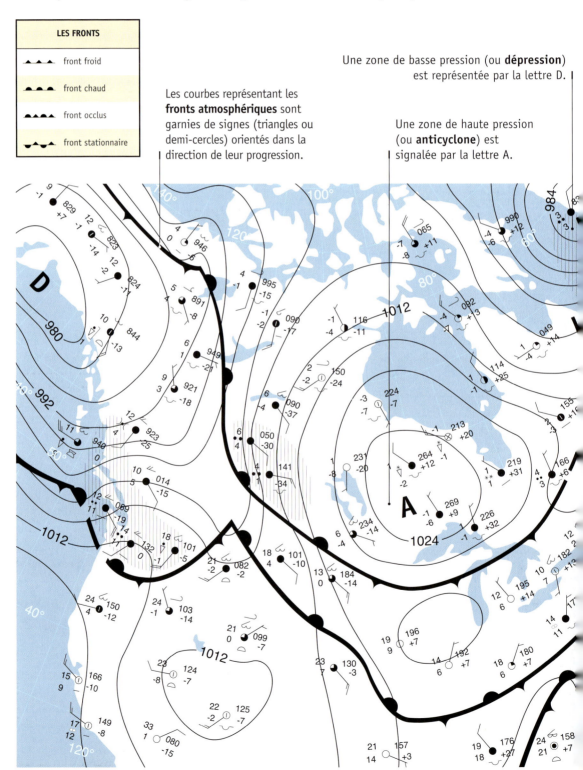

LES SYMBOLES MÉTÉOROLOGIQUES INTERNATIONAUX

Chaque station météorologique est représentée par un cercle, autour duquel des indications codées expriment les différentes composantes du temps observé. La température, la couverture nuageuse, les types de nuages à différentes altitudes, les précipitations, la force et la direction du vent, la pression et l'humidité de l'air sont ainsi transmises dans un langage graphique international très précis.

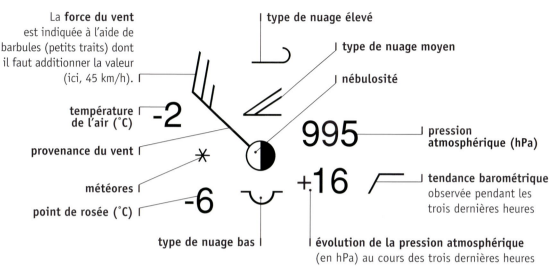

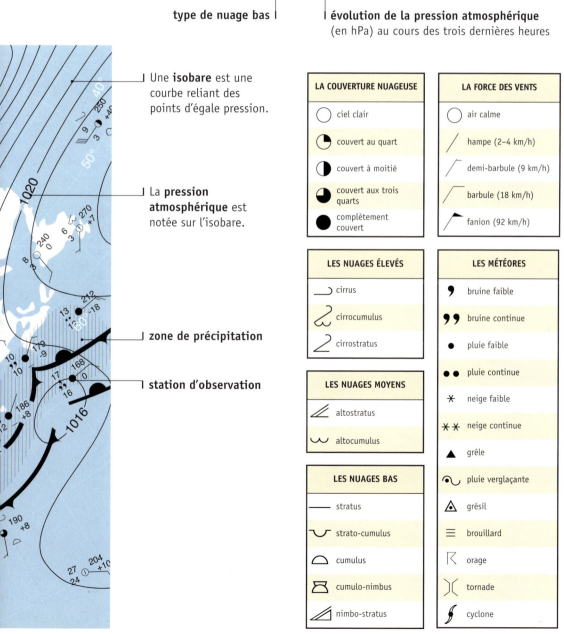

La météorologie

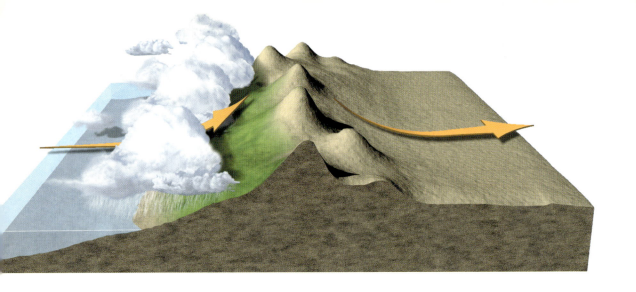

Tandis que les vents chauds et secs du désert du Nefoud sculptent des dunes de sable, les terres côtières de l'Inde sont **fertilisées par les pluies de la mousson.** Dans le nord de la Sibérie, le sol est gelé pendant une grande partie de l'année, alors que les îles Britanniques jouissent de températures beaucoup plus clémentes. Extrêmement variée, cette **mosaïque de climats** est due à la combinaison complexe de nombreux facteurs météorologiques, géologiques et géographiques.

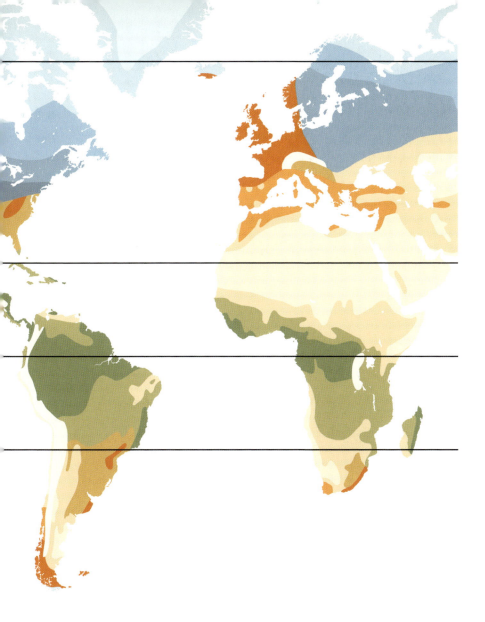

Les climats

66	**Le cycle des saisons** *Une question d'inclinaison*
68	**Les climats du monde** *D'un extrême à l'autre*
70	**Les climats désertiques** *Sous le signe de la sécheresse*
72	**Les climats tropicaux** *Combinaisons de chaleur et d'humidité*
74	**Les climats polaires** *L'empire du froid*
76	**Les climats tempérés** *Quatre saisons bien marquées*
78	**El Niño et La Niña** *Comment l'inversion d'un courant bouleverse le climat*
80	**Les conséquences de El Niño et de La Niña** *Un cycle aux effets destructeurs*

Le cycle des saisons
Une question d'inclinaison

Contrairement à une idée reçue, le cycle des saisons, c'est-à-dire le changement périodique du climat au fil des mois, n'est pas dû à la distance de la Terre au Soleil mais à son inclinaison : l'axe de rotation de notre planète est en effet penché d'environ 23,5° par rapport à l'écliptique (le plan de l'orbite terrestre). Cette inclinaison est directement responsable de la variation de l'ensoleillement, et donc de la succession des saisons, tout au long de l'année. Le même phénomène explique que les saisons des deux hémisphères soient opposées : l'été austral a toujours lieu pendant l'hiver boréal.

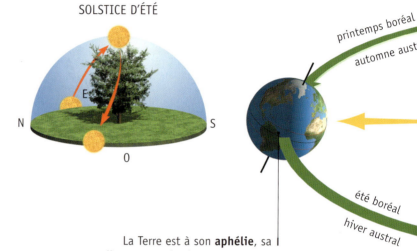

SOLSTICE D'ÉTÉ

Le **solstice d'été** correspond au jour le plus long de l'année (le 21 ou le 22 juin dans l'hémisphère Nord). Le Soleil monte haut dans le ciel et chauffe l'atmosphère.

printemps boréal
automne austral
été boréal
hiver austral

La Terre est à son **aphélie**, sa distance maximale par rapport au Soleil (152,1 millions de kilomètres), le 3 juillet. La chaleur qui règne dans l'hémisphère Nord à cette date est due à l'inclinaison de la Terre.

Le 21 juin, c'est l'**été** à Alger, dans l'hémisphère Nord.

Le 21 juin, c'est l'**hiver** au Cap, dans l'hémisphère Sud.

L'INCIDENCE DES RAYONS DU SOLEIL

La température à la surface de la Terre dépend directement de l'angle avec lequel les rayons du Soleil pénètrent dans l'atmosphère. Lorsque cet angle d'incidence est faible, c'est-à-dire lorsque les rayons rasent le sol, l'énergie solaire se disperse. Au contraire, la chaleur est maximale lorsque les rayons atteignent le sol avec un angle de 90°.

À cause de l'inclinaison de la Terre, la lumière solaire parvient dans l'hémisphère Nord avec un angle maximal pendant l'été boréal. À la même époque, l'hémisphère Sud ne reçoit que des rayons rasants : c'est l'hiver austral.

ÉQUINOXE DE PRINTEMPS

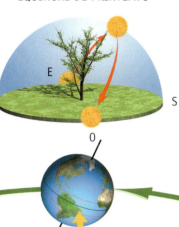

L'**équinoxe de printemps** a lieu le 20 ou le 21 mars dans l'hémisphère Nord. Le Soleil se lève exactement à l'est et se couche exactement à l'ouest, si bien que le jour et la nuit sont de durées égales.

Le 3 janvier, la Terre se trouve à son **périhélie**, sa position la plus proche du Soleil (147,3 millions de kilomètres).

SOLSTICE D'HIVER

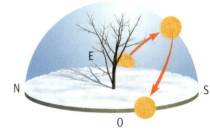

Le jour le plus court de l'année dans l'hémisphère Nord est le 21 ou le 22 décembre. C'est le **solstice d'hiver**. Le Soleil, qui demeure bas dans le ciel, réchauffe peu l'atmosphère.

ÉQUINOXE D'AUTOMNE

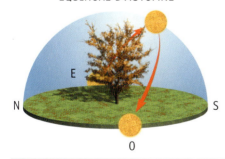

Le 22 ou le 23 septembre, le jour et la nuit sont de durées égales. C'est l'**équinoxe d'automne** de l'hémisphère Nord. Comme à l'équinoxe de printemps, le Soleil se lève exactement à l'est et se couche exactement à l'ouest.

INFLUENCE DE LA LATITUDE SUR LA DURÉE DU JOUR					
	pôles	Helsinki (60°)	Montréal (45°)	Le Caire (30°)	équateur
solstice d'été	24 h	19 h	16 h	14 h	12 h
équinoxe de printemps	12 h	12 h	12 h	12 h	12 h
solstice d'hiver	0 h	6 h	8 h	10 h	12 h
équinoxe d'automne	12 h	12 h	12 h	12 h	12 h

Les climats du monde
D'un extrême à l'autre

Qu'il s'agisse des températures, des précipitations, de l'humidité ou des vents, les diverses régions de la Terre jouissent de climats très différents. La répartition des zones climatiques à la surface du globe est principalement dictée par la latitude : ce sont en effet les conditions d'ensoleillement (durée du jour, alternance des saisons, incidence des rayons solaires) qui jouent le plus grand rôle dans la détermination du climat. Mais bien d'autres facteurs entrent aussi en compte, comme la disposition des terres, les vents dominants, l'altitude, le relief ou les courants marins.

LES CLIMATOGRAMMES

Afin de comparer les climats de différents lieux du monde, on fait appel à des climatogrammes. Mois par mois, ces graphiques indiquent les températures (ligne noire) et les précipitations moyennes (colonnes).

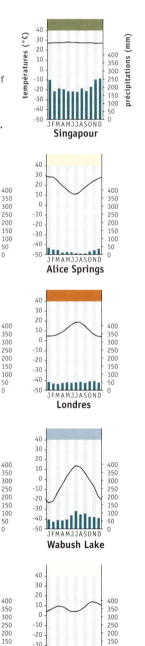

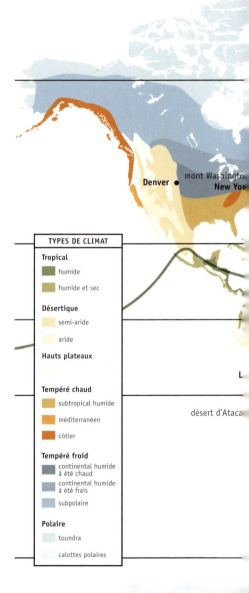

QUELQUES RECORDS

température maximale	57,8 °C	El Azizia (Libye)	13 septembre 1922
température minimale	-89,2 °C	Vostok (Antarctique)	21 juillet 1983
précipitations annuelles maximales	26 461 mm	Cherrapunji (Inde)	1860/1861
précipitations annuelles minimales	0 mm	désert d'Atacama (Chili)	1903-1918
plus haute pression	1083,8 hPa	Agata (Russie)	31 décembre 1968
plus basse pression	870 hPa	typhon Tip (océan Pacifique)	12 octobre 1979
vent le plus fort	371 km/h	mont Washington (États-Unis)	12 avril 1934

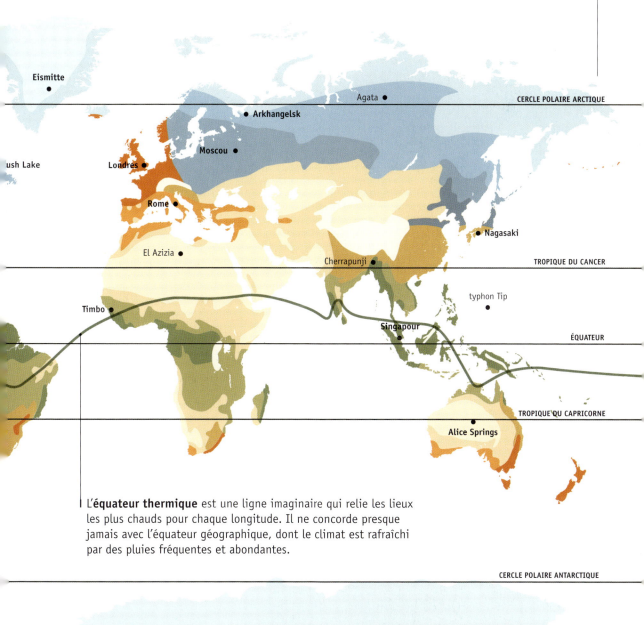

L'**équateur thermique** est une ligne imaginaire qui relie les lieux les plus chauds pour chaque longitude. Il ne concorde presque jamais avec l'équateur géographique, dont le climat est rafraîchi par des pluies fréquentes et abondantes.

Les climats désertiques
Sous le signe de la sécheresse

Le quart des terres émergées de la planète (soit environ 35 millions de km²) est soumis à des climats arides ou semi-arides. Qu'il s'agisse du Sahara, du désert de Gobi ou des steppes de Mongolie, ces régions ont en commun de très faibles précipitations. Rarement et irrégulièrement arrosée, la végétation s'y développe difficilement et laisse le sol pratiquement nu. Dans la plupart des cas, cette sécheresse est liée à la présence d'anticyclones permanents, mais d'autres facteurs géographiques peuvent également entrer en cause.

LES DÉSERTS DE HAUTE PRESSION

L'air chauffé par les rayons solaires au-dessus de l'équateur s'élève par convection ❶. Pendant son ascension, il se refroidit et se décharge de son humidité en produisant de fortes pluies ❷ puis, parvenu à une altitude de 15 à 20 km, il se dirige vers les pôles ❸. Plus dense, donc plus lourd, l'air froid redescend ❹ vers la surface terrestre aux latitudes tropicales, entre 15° et 30°. De nouveau réchauffé pendant sa descente, il se dilate et entretient ainsi une zone de haute pression le long de deux ceintures subtropicales ❺. Le Sahara, le Nefoud, le Kalahari et le Grand Désert de sable sont les principaux déserts de haute pression.

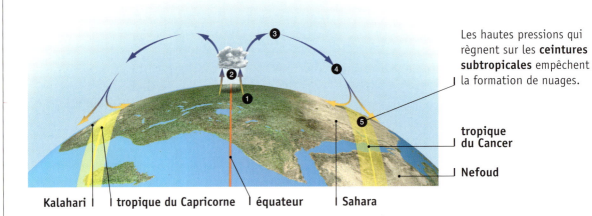

Les hautes pressions qui règnent sur les **ceintures subtropicales** empêchent la formation de nuages.

tropique du Cancer

Nefoud

Kalahari | tropique du Capricorne | équateur | Sahara

L'INFLUENCE DU RELIEF

Certaines régions arides doivent leur sécheresse à la configuration du relief qui les entoure. Ainsi, lorsqu'une chaîne de montagnes borde un littoral, elle retient une grande partie de l'humidité contenue dans les masses d'air marin. Les régions abritées par cette barrière montagneuse reçoivent alors très peu de précipitations. C'est le cas des déserts de Patagonie, du Grand Bassin et de Gobi.

Les **barkhanes** sont des dunes en forme de croissant. Elles peuvent se former avec peu de sable, mais nécessitent l'action d'un vent régulier. La distance qui sépare leurs pointes varie entre 30 et 300 m.

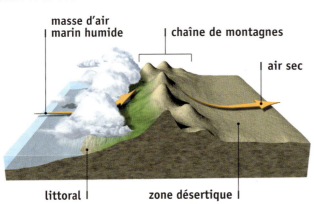

masse d'air marin humide | chaîne de montagnes

air sec

littoral | zone désertique

Lorsque le vent entraîne le sable, il laisse de grandes étendues rocailleuses appelées **regs**.

LA RÉPARTITION DES DÉSERTS ET DES STEPPES

Tous les continents possèdent des zones arides (déserts) ou semi-arides (steppes). Dans les régions entourant les tropiques du Cancer et du Capricorne, le climat est fortement lié à la sécheresse de l'air. L'absence presque totale de couverture nuageuse cause une pénurie d'eau dans le sol et laisse passer 90 % des rayons du Soleil.

Les climats

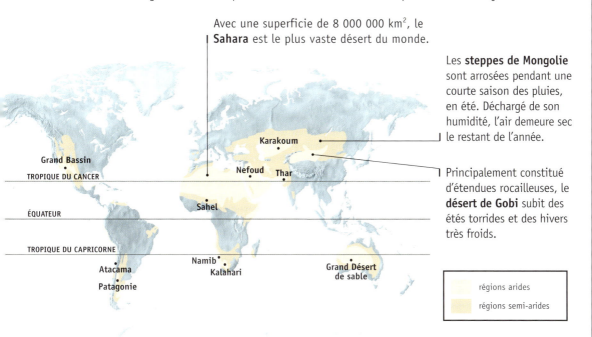

Avec une superficie de 8 000 000 km², le **Sahara** est le plus vaste désert du monde.

Les **steppes de Mongolie** sont arrosées pendant une courte saison des pluies, en été. Déchargé de son humidité, l'air demeure sec le restant de l'année.

Principalement constitué d'étendues rocailleuses, le **désert de Gobi** subit des étés torrides et des hivers très froids.

régions arides
régions semi-arides

L'EAU ET LE DÉSERT

Dans les déserts, les précipitations se manifestent souvent sous forme d'averses violentes, qui déversent brusquement de grandes quantités d'eau sur le sol sec et pratiquement dénué de végétation. Les plateaux sont ainsi creusés et découpés par les crues soudaines des oueds, qui déposent les sédiments au pied des falaises puis s'assèchent très rapidement par évaporation et infiltration. La sécheresse de l'air est responsable de la grande amplitude thermique qui caractérise les déserts. Très chaud pendant le jour, le sol peut geler durant la nuit, ce qui cause l'éclatement des roches et leur amoncellement en talus au pied des buttes.

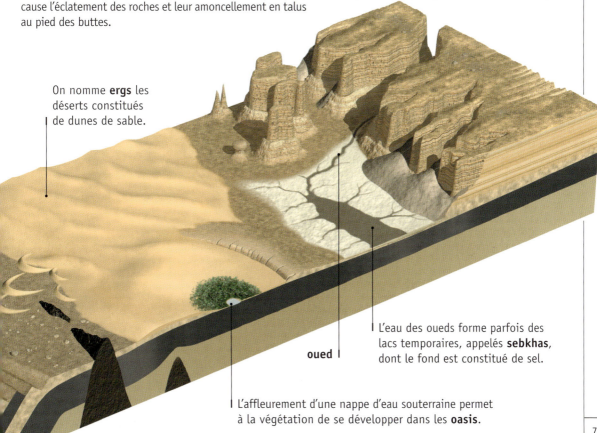

On nomme **ergs** les déserts constitués de dunes de sable.

oued

L'eau des oueds forme parfois des lacs temporaires, appelés **sebkhas**, dont le fond est constitué de sel.

L'affleurement d'une nappe d'eau souterraine permet à la végétation de se développer dans les **oasis**.

Les climats tropicaux
Combinaisons de chaleur et d'humidité

Les régions situées de part et d'autre de l'équateur sont soumises à de fortes températures, dues à l'ensoleillement régulier dont elles bénéficient toute l'année. On y distingue deux zones climatiques, différenciées par la répartition annuelle des précipitations. Le climat tropical humide se caractérise par une humidité abondante et constante qui favorise le développement de la forêt équatoriale. Le climat tropical humide et sec, au contraire, connaît une saison humide marquée par les pluies de mousson, tandis que la sécheresse domine pendant l'hiver.

LA FORÊT ÉQUATORIALE

Il n'existe pas de saisons dans la zone climatique tropicale humide. La chaleur élevée qui règne au-dessus des régions équatoriales pendant toute l'année entretient en effet un régime permanent de basse pression atmosphérique, avec une forte nébulosité et des précipitations régulières.

Ces conditions permettent à la vie de foisonner dans la forêt équatoriale : celle-ci accueille la moitié des espèces vivantes de la planète et on y trouve 20 fois plus d'espèces d'arbres que dans la forêt tempérée. La situation est toutefois bien différente selon l'étage de la forêt : la couverture végétale (la canopée) absorbe la plus grande partie du rayonnement solaire, tandis que les sous-bois demeurent à l'abri de la lumière et du vent.

Culminant à plus de 60 mètres de hauteur, les **arbres émergents** servent de supports à de longues lianes et à divers épiphytes (plantes qui poussent sur un autre végétal).

Dans les régions équatoriales, le jour et la nuit sont d'égale longueur tout au long de l'année, ce qui leur garantit une **luminosité** constante.

La **canopée** désigne l'étage supérieur de la forêt, entre 30 et 45 mètres de hauteur. La majorité des espèces végétales et animales y vivent.

Le **sous-bois** reçoit 100 fois moins de lumière solaire que le sommet de la canopée. L'ombre y est omniprésente et la végétation relativement peu abondante.

La matière végétale décomposée est très rapidement réutilisée par les autres plantes, ce qui empêche le **sol** de s'épaissir et de s'enrichir.

Les arbres ne pouvant pas s'enraciner très profondément dans le sol, ils sont souvent étayés par des **contreforts**.

LA RÉPARTITION DES CLIMATS TROPICAUX

Les deux grands bassins fluviaux de l'Amazone et du Congo, centrés sur l'équateur, sont soumis au climat tropical humide, tout comme les terres littorales du sud-est asiatique, du nord de l'Australie et de l'Amérique centrale. Pour sa part, le climat tropical humide et sec se retrouve surtout en Afrique, en Amérique du Sud et en Asie. Plusieurs types de végétation (forêt tropicale, savane) s'y développent, marquant la transition entre les zones équatoriales, semi-arides et tempérées.

Les climats

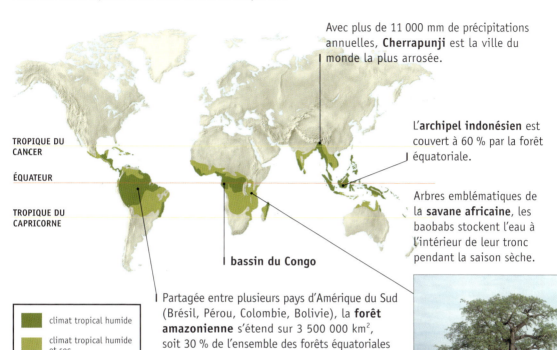

Avec plus de 11 000 mm de précipitations annuelles, **Cherrapunji** est la ville du monde la plus arrosée.

L'**archipel indonésien** est couvert à 60 % par la forêt équatoriale.

Arbres emblématiques de la **savane africaine**, les baobabs stockent l'eau à l'intérieur de leur tronc pendant la saison sèche.

bassin du Congo

Partagée entre plusieurs pays d'Amérique du Sud (Brésil, Pérou, Colombie, Bolivie), la **forêt amazonienne** s'étend sur 3 500 000 km², soit 30 % de l'ensemble des forêts équatoriales du monde.

- climat tropical humide
- climat tropical humide et sec

TROPIQUE DU CANCER
ÉQUATEUR
TROPIQUE DU CAPRICORNE

LE CYCLE DE LA MOUSSON

Le phénomène de la mousson est lié au déplacement saisonnier de la zone de convergence intertropicale (ZCIT). La position de cette zone de basse pression, vers laquelle convergent les alizés des deux hémisphères, fluctue en effet au cours de l'année, ce qui influence le climat des régions intertropicales. En janvier ❶, la ZCIT est située au sud de l'équateur. Les vents amènent des précipitations sur l'Indonésie et le nord de l'Australie. En juillet ❷, la ZCIT s'est déplacée vers le nord : ce sont les côtes de l'Asie du Sud-Est et de l'Inde qui sont soumises aux pluies de mousson.

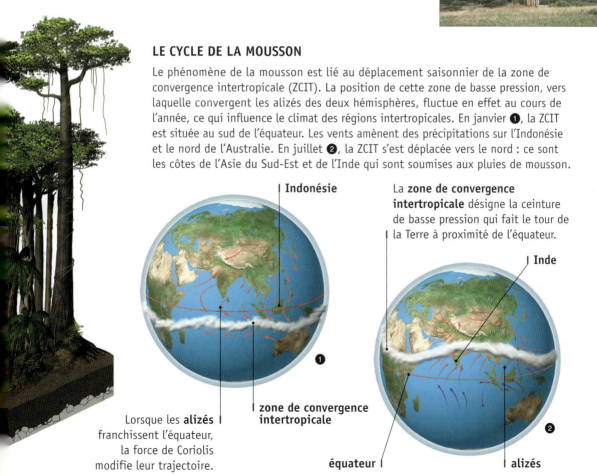

Indonésie

La **zone de convergence intertropicale** désigne la ceinture de basse pression qui fait le tour de la Terre à proximité de l'équateur.

Inde

Lorsque les **alizés** franchissent l'équateur, la force de Coriolis modifie leur trajectoire.

zone de convergence intertropicale

équateur

alizés

Les climats polaires
L'empire du froid

Aux latitudes les plus hautes, le climat est dominé par les masses d'air polaire, que même les longues périodes d'ensoleillement estival parviennent difficilement à réchauffer. Au centre de l'Antarctique et du Groenland, où la température ne dépasse jamais 0 °C, le sol demeure gelé en permanence et couvert d'une épaisse calotte glaciaire. L'extrémité nord de l'Eurasie et de l'Amérique du Nord possède un climat plus clément : les températures estivales y dépassent le point de congélation, ce qui permet à une mince couche superficielle du sol de dégeler et à une végétation de toundra de pousser.

L'ENSOLEILLEMENT DES RÉGIONS POLAIRES

La durée de l'ensoleillement dépend de la latitude : plus on s'approche des pôles, plus les journées sont longues en été (et courtes en hiver).

À Helsinki (60° N), le jour ne dure que 6 heures au solstice d'hiver, mais il dure 19 heures au solstice d'été. La base canadienne de Repulse Bay est située sur le cercle polaire arctique (66° 34'), une ligne imaginaire qui marque la limite des régions soumises au phénomène du « Soleil de minuit » : au plus fort de l'été, le Soleil reste apparent pendant plusieurs jours de suite. Quant aux pôles, ils ne connaissent que deux situations : le jour pendant six mois et la nuit pendant les six autres mois.

Malgré de longues périodes d'ensoleillement estival, le Soleil ne s'élève jamais très haut dans le ciel des régions polaires et ses rayons frappent l'atmosphère avec un angle trop faible pour la réchauffer. En plein été, les températures dépassent à peine 0 °C au milieu de l'océan Arctique.

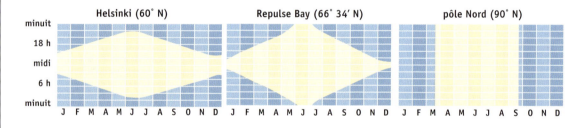

LA BANQUISE

Dans les mers les plus froides de la planète, l'eau est recouverte par une couche de glace, permanente ou saisonnière, dont l'épaisseur peut atteindre 3 ou 4 mètres : la banquise. En hiver, la banquise arctique ❶ s'étend sur 12 millions de km², envahissant de nombreux fjords, baies, estuaires et détroits. La baie d'Hudson, qui descend pourtant vers le sud jusqu'à 51° de latitude, est ainsi totalement prise par les glaces.

Couvert par une calotte glaciaire, le continent antarctique ❷ est aussi entouré par la banquise. Peu étendue en été, cette couche de glace forme une vaste plaque de 20 millions de km² en hiver.

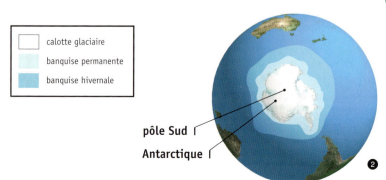

LE PERGÉLISOL

Dans les zones périglaciaires (proches de la calotte glaciaire) du nord de l'Amérique et de l'Asie, la couche inférieure du sol (le pergélisol – ou permafrost) ne dégèle jamais. Seules quelques portions de sol non gelé assurent la circulation de l'eau en profondeur, mettant la nappe phréatique en relation avec la surface. Au printemps, le réchauffement de la température permet à la couche superficielle du sol (le mollisol) de dégeler. Son épaisseur, qui varie de quelques centimètres à quelques mètres en fonction de la latitude, détermine le type de végétation qui peut s'y développer : toundra (mousses, lichens, herbes, arbrisseaux nains) ou taïga (conifères).

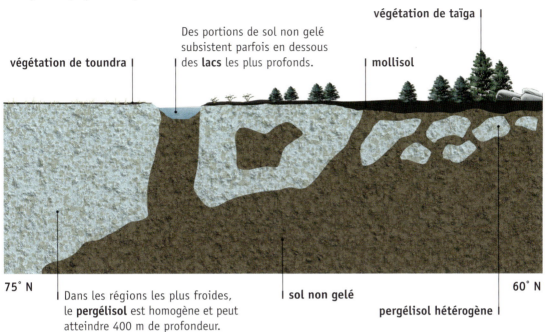

végétation de taïga

Des portions de sol non gelé subsistent parfois en dessous des **lacs** les plus profonds.

mollisol

végétation de toundra

75° N 60° N

Dans les régions les plus froides, le **pergélisol** est homogène et peut atteindre 400 m de profondeur.

sol non gelé

pergélisol hétérogène

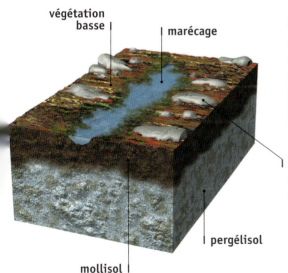

végétation basse | marécage

mollisol | pergélisol

LA TOUNDRA EN ÉTÉ

Lorsque la hausse des températures fait fondre la couverture neigeuse, le sol absorbe les rayons solaires et dégèle en surface. Bloquée par le pergélisol, l'eau ne peut s'écouler. Elle imbibe le mollisol, formant ainsi des marécages qui se couvrent rapidement d'une végétation basse et colorée.

Des **roches érodées** rappellent qu'une calotte glaciaire recouvrait le nord des continents il y a plus de 10 000 ans.

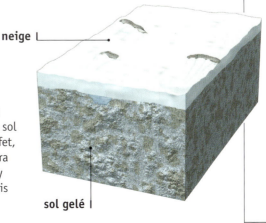

neige

sol gelé

LA TOUNDRA EN HIVER

Pendant les mois les plus froids, la température peut descendre jusqu'à –50 °C dans les régions périglaciaires. Totalement gelé, le sol se couvre d'une couche de neige généralement peu épaisse. En effet, les conditions anticycloniques qui règnent en hiver sur la toundra rendent l'air trop sec pour que des précipitations importantes s'y développent. Des vents glacés balaient le paysage, faisant parfois apparaître des roches.

Les climats

Les climats tempérés
Quatre saisons bien marquées

Aux latitudes moyennes, la variation de luminosité au cours de l'année est importante, mais l'ensoleillement n'atteint jamais de valeurs extrêmes comme aux tropiques ou aux pôles. Les régions tempérées se caractérisent donc par une certaine douceur climatique et par la succession de quatre saisons bien marquées. Cependant, les climats dits tempérés présentent une grande diversité, car ils sont aussi influencés par des facteurs géographiques (continentalité, altitude, relief).

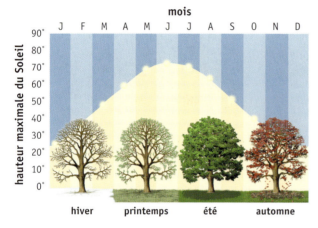

LUMINOSITÉ ET SAISONS

Seules les régions situées aux latitudes moyennes connaissent quatre saisons distinctes. Cette alternance est directement liée aux variations de luminosité tout au long de l'année : à 39° de latitude, par exemple, la hauteur maximale atteinte par le Soleil dans le ciel varie entre 27,5° en hiver et 74° en été. La fluctuation de luminosité influence la température atmosphérique. Elle se traduit aussi dans le cycle annuel des plantes adaptées aux climats tempérés.

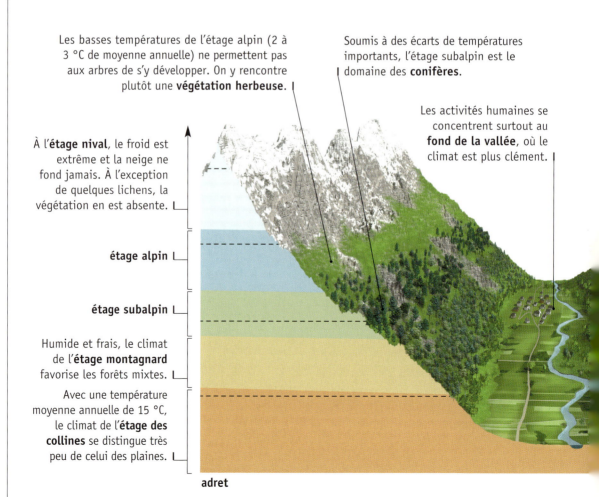

Les basses températures de l'étage alpin (2 à 3 °C de moyenne annuelle) ne permettent pas aux arbres de s'y développer. On y rencontre plutôt une **végétation herbeuse**.

Soumis à des écarts de températures importants, l'étage subalpin est le domaine des **conifères**.

Les activités humaines se concentrent surtout au **fond de la vallée**, où le climat est plus clément.

À l'**étage nival**, le froid est extrême et la neige ne fond jamais. À l'exception de quelques lichens, la végétation en est absente.

étage alpin

étage subalpin

Humide et frais, le climat de l'**étage montagnard** favorise les forêts mixtes.

Avec une température moyenne annuelle de 15 °C, le climat de l'**étage des collines** se distingue très peu de celui des plaines.

adret

L'INFLUENCE OCÉANIQUE

Le Gulf Stream ❶ est l'un des courants océaniques les plus puissants de la planète. Après avoir baigné les côtes américaines jusqu'à Terre-Neuve, ses eaux chaudes donnent naissance à la « dérive nord-atlantique » ❷. Ce courant tiède traverse l'Atlantique Nord en réchauffant les masses d'air froid arctique ❸ qu'il rencontre. Il est largement responsable de la différence de climat entre l'Amérique du Nord ❹, soumise à l'influence de l'air polaire, et l'Europe occidentale ❺, où règne un temps doux et humide caractéristique du climat côtier.

La forêt de conifères est adaptée au climat subpolaire qui règne à 50° de latitude nord en **Amérique**.

L'air doux qui souffle sur l'**Europe** permet à la vigne de pousser jusqu'à 50° de latitude nord.

LES CLIMATS DE MONTAGNES

Parce que la température baisse à mesure que l'altitude augmente, les versants d'une vallée présentent une succession de climats comparables à ceux qu'on rencontre en se dirigeant vers les pôles. Dans les Alpes, le fond des vallées bénéficie de conditions climatiques semblables à celles des plaines avoisinantes. Plus haut, les forêts remplacent les cultures, et les conifères se font de plus en plus présents, comme dans les régions à climat subpolaire. À l'étage alpin, le climat s'apparente à celui de la toundra arctique et les arbres laissent la place aux pâturages. Enfin, les plus hautes terres, couvertes de neiges éternelles, sont soumises au même type de climat que les calottes polaires.

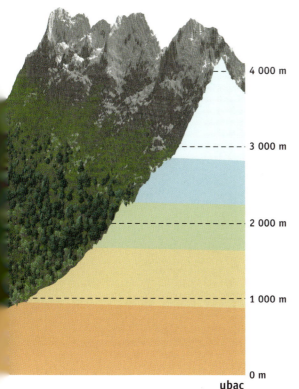

L'ADRET ET L'UBAC

Les vallées alpines qui sont orientées dans l'axe est-ouest possèdent deux versants inégalement ensoleillés. Le versant orienté vers le sud (l'adret) reçoit le rayonnement solaire avec un angle d'incidence élevé. Il profite donc de plus de chaleur que le versant orienté vers le nord (l'ubac), dont les pentes ne sont qu'effleurées par les rayons du Soleil. Cette inégalité amène des différences sensibles de température et d'humidité au sein d'une même vallée.

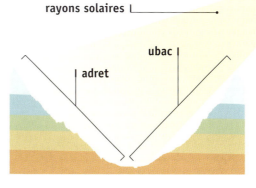

El Niño et La Niña
Comment l'inversion d'un courant bouleverse le climat

Les eaux de surface de l'océan Pacifique sont normalement poussées vers l'ouest par des vents dominants, les alizés. Ce phénomène de grande amplitude est largement responsable des conditions climatiques qui règnent sur l'ensemble de la région du Pacifique, et même au-delà. Son inversion, connue sous le nom de El Niño, réchauffe la partie orientale de l'océan et provoque des bouleversements climatiques majeurs. Ceux-ci ne sont toutefois pas permanents : après un ou deux ans, El Niño laisse la place à un phénomène opposé, La Niña, avant le retour à une situation normale.

LA CIRCULATION OCÉANIQUE ET ATMOSPHÉRIQUE NORMALE DANS LE PACIFIQUE

La zone équatoriale de l'océan Pacifique est normalement soumise à l'action des alizés ❶. Poussée par ces vents constants, l'eau superficielle ❷ se dirige lentement de l'Amérique du Sud vers l'Asie du Sud-Est. Il se crée ainsi une masse d'eau chaude qui grossit peu à peu par dilatation thermique. L'évaporation ❸ de l'eau chaude de surface entraîne la formation de nuages ❹ que les alizés poussent vers l'ouest. De l'air chaud et humide ❺ s'élève à proximité de l'Asie, tandis que des masses d'air froid et sec ❻ descendent près des côtes sud-américaines. Cette circulation atmosphérique, appelée cellule de Walker, conditionne le climat de toute la zone du Pacifique : pendant que les pluies saisonnières de la mousson ❼ s'abattent sur l'Asie, un anticyclone ❽ s'installe au-dessus des côtes sud-américaines.

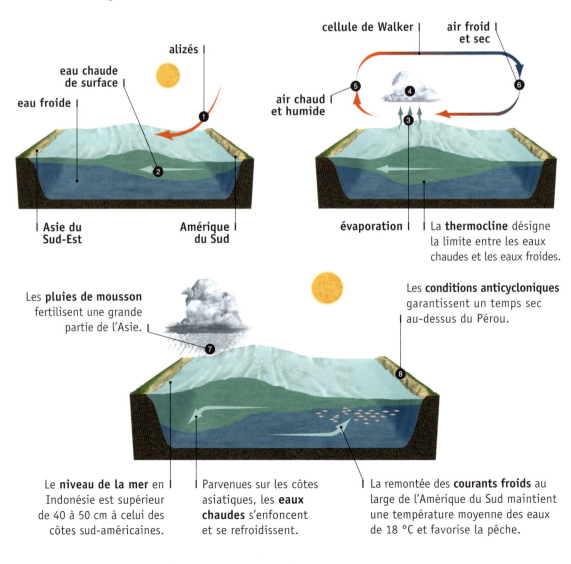

cellule de Walker | **air froid et sec**
alizés
eau chaude de surface
eau froide
air chaud et humide

Asie du Sud-Est | **Amérique du Sud** | **évaporation** | La **thermocline** désigne la limite entre les eaux chaudes et les eaux froides.

Les **pluies de mousson** fertilisent une grande partie de l'Asie.

Les **conditions anticycloniques** garantissent un temps sec au-dessus du Pérou.

Le **niveau de la mer** en Indonésie est supérieur de 40 à 50 cm à celui des côtes sud-américaines.

Parvenues sur les côtes asiatiques, les **eaux chaudes** s'enfoncent et se refroidissent.

La remontée des **courants froids** au large de l'Amérique du Sud maintient une température moyenne des eaux de 18 °C et favorise la pêche.

EL NIÑO : UNE INVERSION DE LA CIRCULATION OCÉANIQUE ET ATMOSPHÉRIQUE

Pour des raisons encore inexpliquées, les alizés sont plus faibles certaines années. Poussée par de forts vents d'ouest ❶, l'eau chaude superficielle ❷ s'étale au centre et à l'est de l'océan Pacifique, où elle s'évapore ❸. La cellule de Walker ❹, mais aussi les autres cellules convectives ❺ réparties autour du globe à la hauteur de l'équateur, sont perturbées. Un système dépressionnaire ❻ se maintient dans l'est du Pacifique, alors que l'Asie du Sud-Est est au contraire aux prises avec un puissant anticyclone ❼ qui la prive des pluies de mousson habituelles.

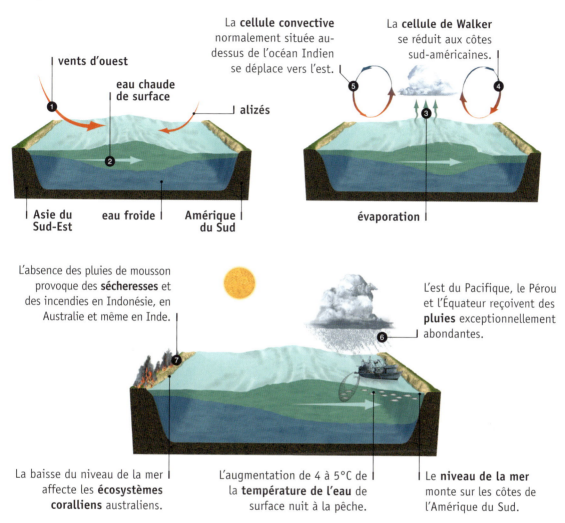

LA NIÑA : LE RETOUR DU BALANCIER

Chaque apparition de El Niño est suivie d'une période surnommée La Niña. Des alizés exceptionnellement vigoureux provoquent alors de fortes précipitations en Asie et un net refroidissement des eaux dans l'est de l'océan Pacifique.

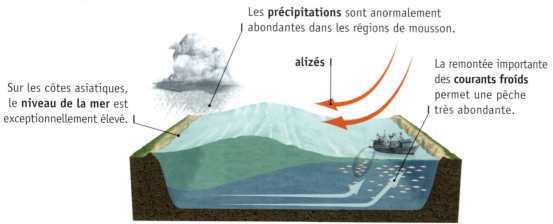

Les conséquences de El Niño et de La Niña

Un cycle aux effets destructeurs

Le phénomène El Niño se manifeste tous les trois à sept ans en moyenne dans l'océan Pacifique. Ses conséquences sont considérables et elles affectent une grande partie de la planète : inondations, ouragans, sécheresses et incendies de forêt lui sont notamment attribués. La Niña, qui ramène les conditions normales sur le Pacifique équatorial en les amplifiant, entraîne aussi des perturbations tout autour de la planète, quoique de façon moins dévastatrice que El Niño.

Ensemble, El Niño et La Niña forment un cycle relativement régulier. L'observation des océans et de l'atmosphère par les satellites et les bouées permet de suivre facilement leur évolution. En revanche, il n'est toujours pas possible de prévoir précisément leur apparition.

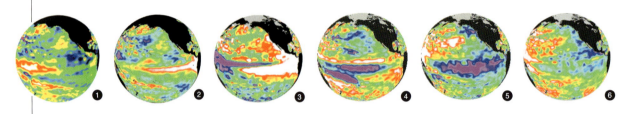

VARIATION DU NIVEAU DE LA MER PAR RAPPORT À LA NORMALE (en mm)
-120 -80 -40 0 +40 +80 +120

LE CYCLE AU FIL DES MOIS

TOPEX/Poseidon, un satellite franco-américain placé en orbite en 1992 à une altitude de 1 330 km, mesure la hauteur des océans tout autour de la planète. Les images radar de l'océan Pacifique qu'il recueille sont très utiles pour suivre l'évolution des phénomènes El Niño et La Niña, car une augmentation de la hauteur des eaux signifie qu'elles sont aussi plus chaudes.

En mars 1997 ❶, une masse d'eau chaude quitte l'Asie et s'avance vers l'Amérique du Sud : El Niño se prépare.
En mai ❷, l'eau chaude a rejoint les côtes sud-américaines.
En novembre ❸, El Niño atteint son extension maximale : les côtes de la Californie sont touchées et le niveau de la mer dépasse la normale de 35 cm près des îles Galapagos.
En juin 1998 ❹, l'importante masse d'eau froide qui commence à migrer d'ouest en est indique l'arrivée de La Niña.
En février 1999 ❺, les eaux froides de La Niña couvrent une vaste zone de l'océan Pacifique. En octobre ❻, la presque totalité du Pacifique a retrouvé son état normal.

LES BOUÉES D'OBSERVATION

Une vaste étude d'observation atmosphérique et océanique du Pacifique a été amorcée en 1994 dans le but de mieux comprendre El Niño. Réparties le long de l'équateur, 70 bouées fixes enregistrent des données qui sont ensuite communiquées par satellite à un laboratoire. Ces capteurs permettent de connaître la température de l'eau en surface et jusqu'à une profondeur de 500 m, la direction des vents, ainsi que la température et l'humidité de l'atmosphère.

DES CONSÉQUENCES CLIMATIQUES DÉSASTREUSES

Pendant El Niño ❶, les eaux du Pacifique oriental sont beaucoup plus chaudes qu'en temps normal. La région est soumise à un système dépressionnaire qui provoque de fortes pluies, des cyclones et des inondations. Le sud-est des États-Unis subit également des précipitations abondantes. Au même moment, le Pacifique occidental est affecté par des conditions anticycloniques qui réduisent considérablement la mousson. L'Asie du Sud-Est connaît ainsi une période de sécheresse qui favorise les incendies de forêts. Plusieurs régions de la planète subissent aussi une augmentation importante de la température atmosphérique : le Canada, le Japon, le sud-est de l'Australie et de l'Afrique.

La Niña ❷ amène un refroidissement général de l'atmosphère, surtout sensible en Extrême-Orient, en Afrique de l'Ouest et dans l'ouest du Canada. Le sud-est des États-Unis subit au contraire un réchauffement notable, qui s'accompagne de cyclones plus fréquents. Les pluies s'intensifient dans l'ouest du Pacifique, en Amazonie et dans le sud-est de l'Afrique, mais se raréfient sur les côtes sud-américaines du Pacifique.

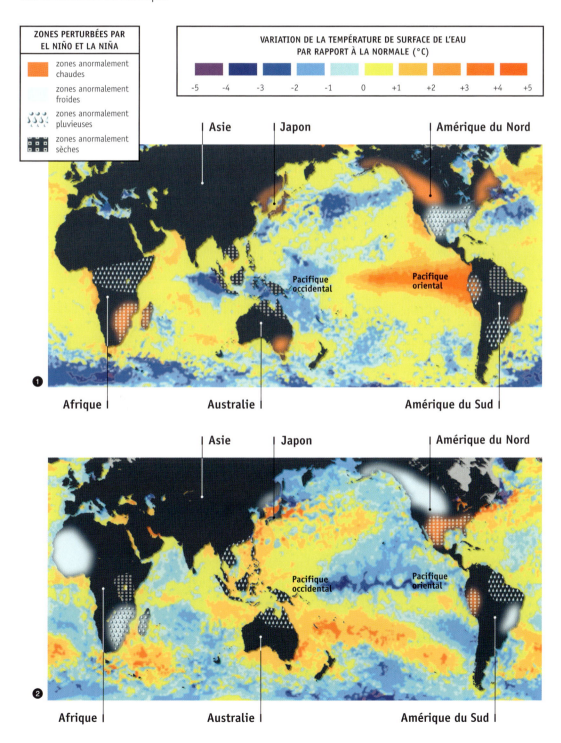

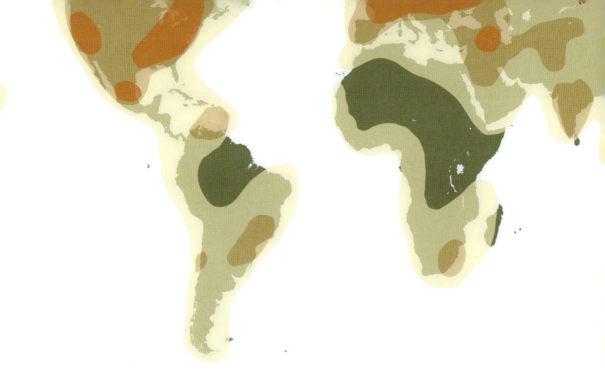

L'eau, le carbone, l'oxygène et tous les éléments indispensables à la vie circulent à travers les différents milieux de la biosphère. Leurs cycles, étroitement imbriqués, permettent à la matière et à l'énergie de se transmettre d'un être vivant à l'autre, d'un écosystème à l'autre. Cet équilibre est cependant menacé par de nombreuses sources de pollution : les pluies acides endommagent les forêts, la couche d'ozone s'amincit, les nitrates souillent les nappes phréatiques et des déchets nucléaires sont enfouis dans le sol.

L'environnement

84 **La biosphère**
Le monde vivant

86 **Les écosystèmes**
Des communautés d'êtres vivants interdépendants

88 **Le sol**
Un milieu vivant

90 **Le cycle de l'eau**
Une incessante circulation entre mer, ciel et terre

92 **Les cycles du carbone et de l'oxygène**
Des interactions constantes

94 **Les cycles du phosphore et de l'azote**
Transformés pour être assimilés

96 **L'effet de serre**
Un piège pour la chaleur

98 **Le réchauffement global**
Des bouleversements climatiques difficiles à prévoir

100 **La couche d'ozone**
Un filtre fragile

102 **Les sources de la pollution atmosphérique**
Comment l'homme pollue l'air

104 **Les effets de la pollution atmosphérique**
Un problème mondial

106 **Les pluies acides**
Quand la pluie devient nocive

108 **Les sources de la pollution de l'eau**
La poubelle du monde

110 **La pollution de l'eau**
Des effets sur l'environnement et sur l'homme

112 **Le traitement des eaux usées**
Laver l'eau polluée

114 **La pollution des sols**
La Terre empoisonnée

116 **La désertification**
Comment une terre devient infertile

118 **Les déchets nucléaires**
Une pollution à très long terme

119 **La pollution des chaînes alimentaires**
Les effets des polluants sur les êtres vivants

120 **Le tri sélectif des déchets**
Extraire la matière recyclable des ordures

122 **Le recyclage**
Une nouvelle vie pour les déchets

La biosphère

Le monde vivant

Malgré toutes sortes d'hypothèses qu'aucune découverte scientifique n'a encore pu confirmer, la Terre demeure la seule planète connue présentant des signes de vie. Les organismes vivants occupent des milieux nombreux et variés, mais leur répartition est concentrée dans une mince couche de terre, d'eau et d'air qu'on appelle la biosphère. Cette partie habitable de la Terre constitue un monde communautaire complexe, où les espèces animales et végétales vivent en étroite relation avec le milieu en se transmettant matière et énergie.

ENTRE TERRE, MER ET AIR

La biosphère se compose de trois milieux physiques principaux qui interagissent constamment pour conserver, reproduire et développer la vie : la terre, l'eau et l'air. Les échanges chimiques qui s'établissent entre ces trois éléments tendent à s'équilibrer naturellement en recyclant la matière et l'énergie.

La **lithosphère** ❶ correspond à la partie solide de la biosphère : continents, îles et fonds marins. La presque totalité des espèces végétales y plongent leurs racines, tandis qu'un grand nombre d'espèces animales vivent à son contact. Certains êtres vivants, comme les bactéries anaérobies, se développent à l'intérieur du sol, mais les autres ont besoin d'air pour vivre.

L'**hydrosphère** ❷ est composée des eaux de la planète, qu'elles soient salées ou non : océans, rivières, lacs et eaux souterraines. Cette couche, qui couvre en partie la lithosphère, abrite une grande variété d'organismes vivants, des algues microscopiques jusqu'aux plus gros mammifères marins.

L'**atmosphère** ❸ correspond à l'espace aérien où la vie peut se développer. Très riche en êtres vivants, près de la surface terrestre, ce milieu participe aussi au déplacement et à la dissémination des spores, graines et micro-organismes.

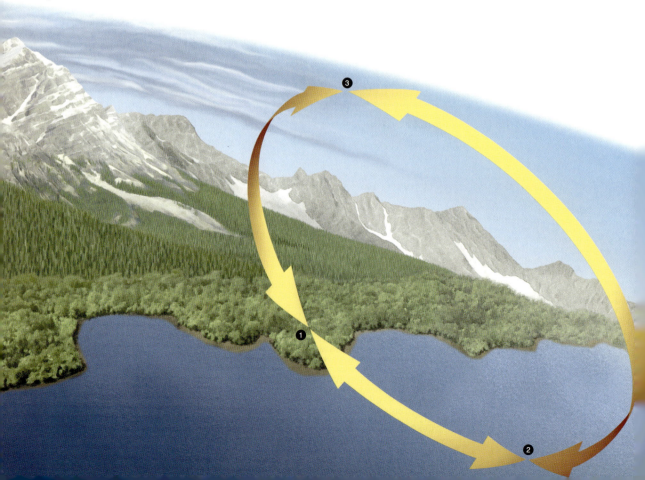

LA DIVISION GÉOGRAPHIQUE DE LA BIOSPHÈRE : LES BIOMES

Unités écologiques terrestres de grande taille, les biomes désignent des communautés homogènes d'organismes vivants. Ils se caractérisent par les formations végétales de leurs paysages, elles-mêmes tributaires des conditions climatiques. Il existe une dizaine de biomes répartis à travers la biosphère.

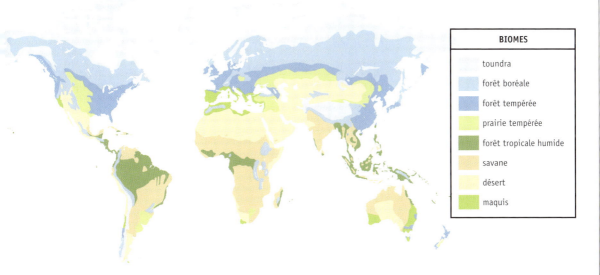

BIOMES
- toundra
- forêt boréale
- forêt tempérée
- prairie tempérée
- forêt tropicale humide
- savane
- désert
- maquis

L'ÉTENDUE VERTICALE DE LA BIOSPHÈRE

La vie ne se rencontre qu'à l'intérieur d'une couche relativement mince : à peine plus de 20 000 mètres séparent le point le plus bas de la biosphère (au fond des océans) de son point le plus élevé (à proximité de la tropopause, la limite supérieure de la troposphère).

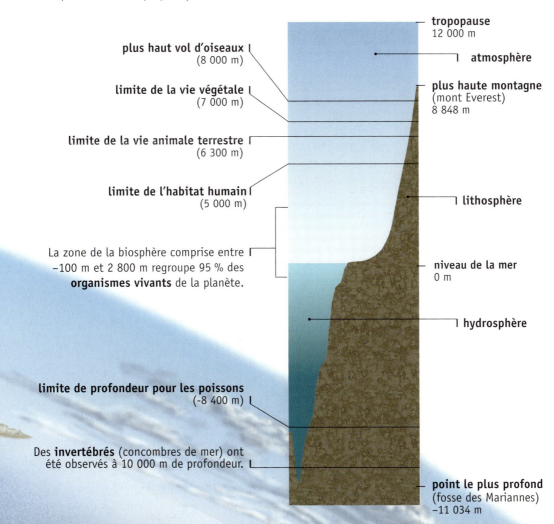

- tropopause 12 000 m
- plus haut vol d'oiseaux (8 000 m)
- atmosphère
- limite de la vie végétale (7 000 m)
- plus haute montagne (mont Everest) 8 848 m
- limite de la vie animale terrestre (6 300 m)
- limite de l'habitat humain (5 000 m)
- lithosphère
- La zone de la biosphère comprise entre −100 m et 2 800 m regroupe 95 % des **organismes vivants** de la planète.
- niveau de la mer 0 m
- hydrosphère
- limite de profondeur pour les poissons (−8 400 m)
- Des **invertébrés** (concombres de mer) ont été observés à 10 000 m de profondeur.
- point le plus profond (fosse des Mariannes) −11 034 m

L'environnement

Les écosystèmes
Des communautés d'êtres vivants interdépendants

Aucun animal ne peut survivre sans côtoyer d'autres espèces, car l'énergie dont il a besoin pour se maintenir en vie, se déplacer et se reproduire lui vient de la nourriture qu'il absorbe. L'ensemble écologique des animaux et des végétaux vivant en interrelation dans un milieu donné est appelé écosystème. Cette unité de base de la biosphère peut être aussi réduite qu'un mur de pierres ou aussi vaste qu'un océan. Un écosystème se maintient en équilibre grâce à la présence de chacun de ses éléments dans la chaîne alimentaire, qu'il soit producteur ou consommateur d'énergie.

DES ÊTRES VIVANTS DANS LEUR MILIEU

Un écosystème se définit principalement par son biotope, c'est-à-dire son milieu physique, et par l'ensemble des organismes vivants qui le peuplent (animaux, végétaux et décomposeurs), qu'on appelle sa biocénose. Ces deux éléments sont intimement liés : les différents aspects (géologiques, climatiques, géographiques, chimiques, etc.) du biotope déterminent la composition et la diversité de la biocénose, qui à son tour influe sur l'environnement et peut même le modifier radicalement.

La taille des écosystèmes est extrêmement variée : un lac constitue un écosystème, tout comme la forêt amazonienne. Malgré son homogénéité, un écosystème ne fonctionne jamais en circuit totalement fermé. Alimenté par l'énergie solaire, il échange constamment des substances minérales ou organiques avec les systèmes environnants.

Bien qu'il constitue un écosystème à part entière, un **lac** est en contact permanent avec le milieu environnant. Certains animaux terrestres le fréquentent pour s'abreuver, se nourrir ou se reproduire.

Les **végétaux** qui bordent le lac produisent des débris qui se déposent au fond de l'eau et forment des sédiments.

Des larves d'insectes et des **micro-organismes** se développent dans la vase, au fond du lac et sur ses rives.

Les **plantes chlorophylliennes** constituent la base de la chaîne alimentaire aquatique. Elles contribuent aussi à enrichir l'eau en oxygène.

Les poissons forment la **faune permanente** d'un lac.

Plusieurs facteurs, comme la température, l'acidité, le taux d'oxygène et la quantité de lumière disponible, influencent le développement de la **vie aquatique**.

LA TRANSMISSION D'ÉNERGIE PAR LA CHAÎNE ALIMENTAIRE

L'alimentation est le principal mécanisme par lequel l'énergie est transmise d'une espèce à l'autre dans un écosystème. Par cette chaîne alimentaire, la matière et l'énergie qu'elle contient sont transportées vers des êtres de plus en plus complexes. Parallèlement, les cadavres et les excréments de chacun des individus de l'écosystème sont décomposés par des micro-organismes.

Une grande quantité d'énergie échappe cependant à la chaîne alimentaire. En étant mangé, un animal ne transmet en effet que 10 % de l'énergie qu'il a reçue pendant sa vie, le reste lui ayant servi à assurer ses fonctions vitales. Cette déperdition énergétique explique le fait qu'une chaîne alimentaire comporte rarement plus de quatre à cinq maillons.

On appelle **superprédateur** un animal qui n'est la proie d'aucune autre espèce.

La chair animale constitue la nourriture principale des **carnivores**.

Lorsqu'une plante ou un animal meurt, sa matière organique se décompose grâce au travail de dégradation de bactéries et de champignons microscopiques, appelés **décomposeurs**. Les éléments minéraux qui en résultent sont réintroduits dans la chaîne alimentaire.

Les **herbivores** se nourrissent de végétaux chlorophylliens.

végétal

LES NIVEAUX TROPHIQUES

La position qu'occupe une espèce dans la chaîne alimentaire est appelée niveau trophique. Si l'on représente la chaîne alimentaire par une pyramide, sa base est constituée par des producteurs (végétaux et bactéries) alors que les consommateurs (herbivores, carnivores et superprédateurs) occupent les étages supérieurs.

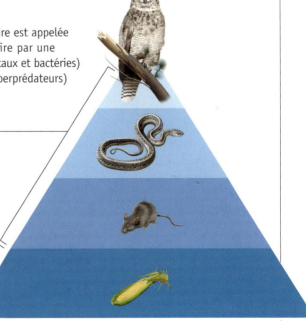

Les **consommateurs** sont hétérotrophes, c'est-à-dire que leur survie dépend d'une nourriture déjà élaborée. Incapables de tirer l'énergie de la matière minérale, ils sont obligés d'utiliser la matière organique déjà constituée par d'autres êtres vivants, producteurs ou consommateurs de niveau trophique inférieur.

Les organismes **producteurs** sont dits autotrophes, car ils sont capables, par photosynthèse ou par chimiosynthèse, de fabriquer eux-mêmes leur nourriture à partir de gaz carbonique et de minéraux.

Le sol

Un milieu vivant

Loin d'être un milieu mort, le sol grouille de vie : on estime qu'un mètre cube de sol fertile abrite environ un milliard d'organismes vivants. Les importants processus biologiques, chimiques et physiques qui s'y produisent ont amené les scientifiques qui étudient les sols (les pédologues) à les considérer comme de véritables écosystèmes.

LA PÉDOGENÈSE

La formation d'un sol (ou pédogenèse) comporte trois phases d'évolution. Dans un premier temps, l'eau qui s'est infiltrée dans la roche la fait éclater par gélifraction, ce qui produit une couche de fragments rocheux appelée **régolite** ❶. Les organismes vivants qui pénètrent dans les interstices du régolite créent progressivement une mince couche de débris organiques partiellement décomposés. Ce **sol squelettique** ❷ permet aux herbes et aux petits arbustes de pousser. Il faut environ 10 000 ans avant que ce sol primitif devienne un **sol évolué** ❸ permettant un échange entre les diverses couches du sol. La terre plus meuble et l'eau s'infiltrent ❹ entre les fragments rocheux qui migrent ❺ vers la surface.

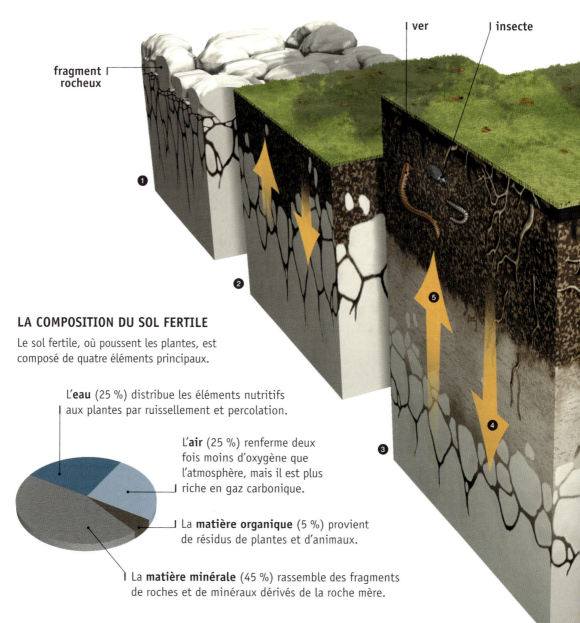

LA COMPOSITION DU SOL FERTILE

Le sol fertile, où poussent les plantes, est composé de quatre éléments principaux.

L'**eau** (25 %) distribue les éléments nutritifs aux plantes par ruissellement et percolation.

L'**air** (25 %) renferme deux fois moins d'oxygène que l'atmosphère, mais il est plus riche en gaz carbonique.

La **matière organique** (5 %) provient de résidus de plantes et d'animaux.

La **matière minérale** (45 %) rassemble des fragments de roches et de minéraux dérivés de la roche mère.

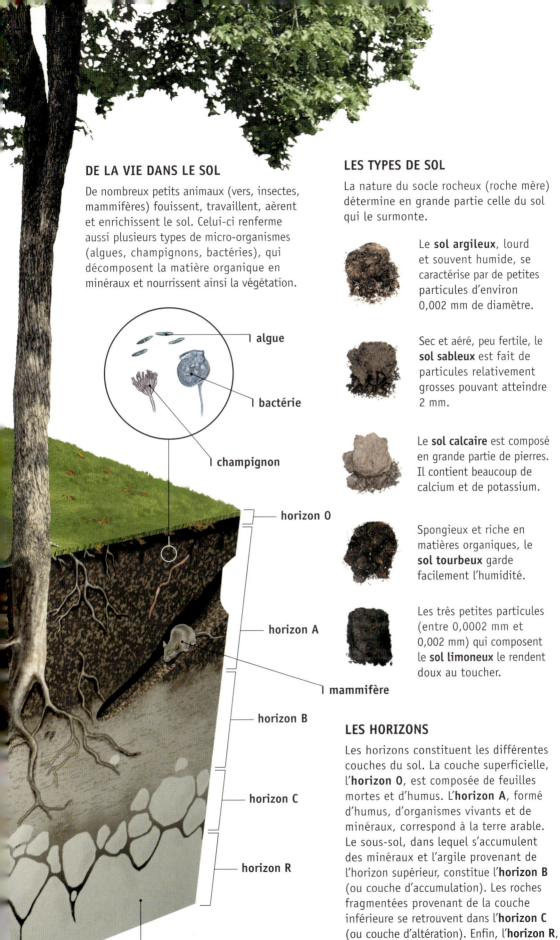

DE LA VIE DANS LE SOL

De nombreux petits animaux (vers, insectes, mammifères) fouissent, travaillent, aèrent et enrichissent le sol. Celui-ci renferme aussi plusieurs types de micro-organismes (algues, champignons, bactéries), qui décomposent la matière organique en minéraux et nourrissent ainsi la végétation.

LES TYPES DE SOL

La nature du socle rocheux (roche mère) détermine en grande partie celle du sol qui le surmonte.

Le **sol argileux**, lourd et souvent humide, se caractérise par de petites particules d'environ 0,002 mm de diamètre.

Sec et aéré, peu fertile, le **sol sableux** est fait de particules relativement grosses pouvant atteindre 2 mm.

Le **sol calcaire** est composé en grande partie de pierres. Il contient beaucoup de calcium et de potassium.

Spongieux et riche en matières organiques, le **sol tourbeux** garde facilement l'humidité.

Les très petites particules (entre 0,0002 mm et 0,002 mm) qui composent le **sol limoneux** le rendent doux au toucher.

LES HORIZONS

Les horizons constituent les différentes couches du sol. La couche superficielle, l'**horizon O**, est composée de feuilles mortes et d'humus. L'**horizon A**, formé d'humus, d'organismes vivants et de minéraux, correspond à la terre arable. Le sous-sol, dans lequel s'accumulent des minéraux et l'argile provenant de l'horizon supérieur, constitue l'**horizon B** (ou couche d'accumulation). Les roches fragmentées provenant de la couche inférieure se retrouvent dans l'**horizon C** (ou couche d'altération). Enfin, l'**horizon R**, constitué principalement de la roche mère, forme la couche inférieure du sol, c'est-à-dire le socle rocheux.

L'environnement

Le cycle de l'eau
Une incessante circulation entre mer, ciel et terre

Chaque année, 502 800 km³ d'eau (soit l'équivalent d'une couche de 1,40 m d'épaisseur) s'évaporent des océans. Si le niveau des océans ne baisse pas, c'est parce qu'ils sont continuellement alimentés par les précipitations et par le ruissellement des fleuves. Ce mouvement de circulation globale joue un rôle essentiel dans la redistribution de l'eau autour de la planète.

DE L'OCÉAN À L'OCÉAN

La chaleur des rayons solaires ❶ est responsable de l'évaporation de la couche supérieure des océans ❷. Plus légère que l'air, la vapeur d'eau s'élève ❸ jusqu'à ce qu'elle rencontre un air plus froid qui provoque sa condensation : un nuage se forme ❹. La plus grande partie de l'eau contenue dans les nuages regagne l'océan sous forme de pluie ❺. Poussés par les vents ❻, certains nuages survolent les terres émergées, sur lesquelles ils déversent leurs précipitations ❼. En atteignant la surface de la Terre, l'eau se répartit entre le sol ❽, où elle ruisselle pour former des cours d'eau, et le sous-sol ❾, où elle s'infiltre. Les végétaux puisent l'eau du sous-sol puis la transforment en vapeur par transpiration ❿. Le surplus d'eau d'infiltration nourrit de lentes rivières souterraines qui imprègnent la roche et composent la nappe phréatique ⓫. Cette eau souterraine réapparaît à la surface du sol en alimentant des cours d'eau (lacs, rivières, fleuves) ⓬. Ceux-ci s'évaporent ⓭ partiellement sous l'action du Soleil, tout en s'écoulant ⓮ jusqu'aux océans. Enfin, une partie de l'eau du sous-sol regagne directement l'océan ⓯.

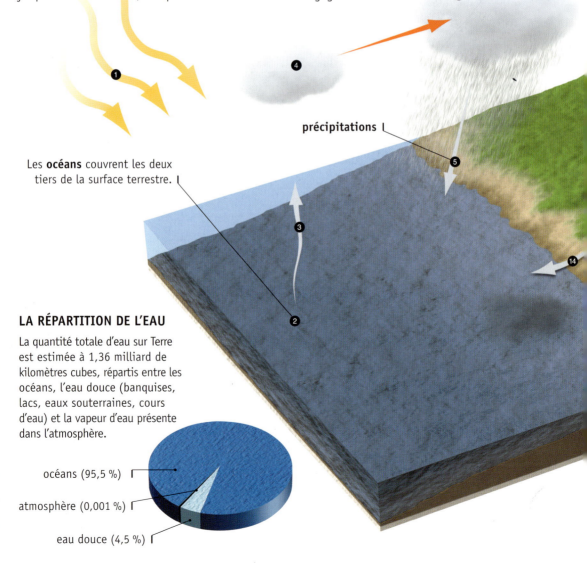

Les **océans** couvrent les deux tiers de la surface terrestre.

précipitations

LA RÉPARTITION DE L'EAU

La quantité totale d'eau sur Terre est estimée à 1,36 milliard de kilomètres cubes, répartis entre les océans, l'eau douce (banquises, lacs, eaux souterraines, cours d'eau) et la vapeur d'eau présente dans l'atmosphère.

- océans (95,5 %)
- atmosphère (0,001 %)
- eau douce (4,5 %)

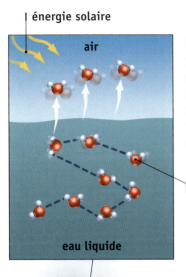

L'ÉVAPORATION

Les charges électriques des molécules d'eau les amènent à s'attirer mutuellement. Lorsque les molécules sont à l'état liquide, leurs mouvements sont lents, si bien qu'elles demeurent liées entre elles. L'énergie solaire accroît la vitesse des molécules de surface, leur permettant ainsi de briser leurs liens. L'eau s'évapore.

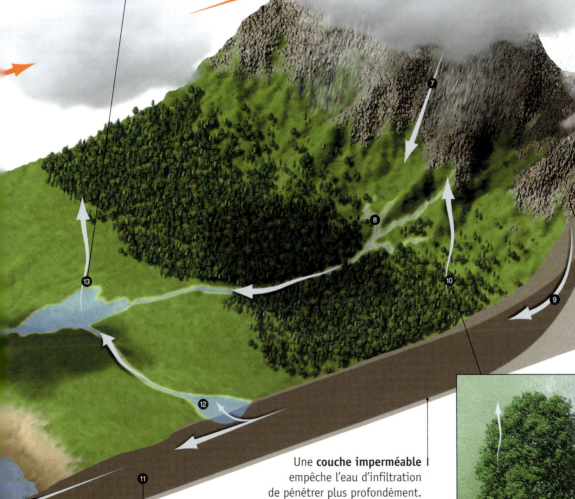

Une **couche imperméable** empêche l'eau d'infiltration de pénétrer plus profondément.

LE RÔLE DES VÉGÉTAUX

Les racines des végétaux aspirent l'eau du sol et la combinent avec des sels minéraux pour mieux les absorber. La plante élimine ensuite cette eau par transpiration grâce à ses stomates, de minuscules ouvertures situées sous les feuilles. Chaque année, une forêt transpire une quantité de vapeur d'eau équivalente à une couche d'eau de 1,20 m qui couvrirait sa superficie.

La **nappe phréatique** est une couche de roches saturées d'eau.

L'environnement

Les cycles du carbone et de l'oxygène

Des interactions constantes

Le carbone et l'oxygène sont indispensables à la vie. Étroitement liés par diverses interactions, leurs cycles biogéochimiques font continuellement circuler la matière, ce qui permet à la vie de se perpétuer. Les deux éléments sont naturellement présents dans notre atmosphère, mais en quantités très inégales : l'oxygène (O_2) constitue 21 % de l'air, alors que le gaz carbonique (CO_2) en compose à peine 0,036 %. Le carbone est en revanche abondant dans les roches sédimentaires, les combustibles fossiles, les océans et la biomasse.

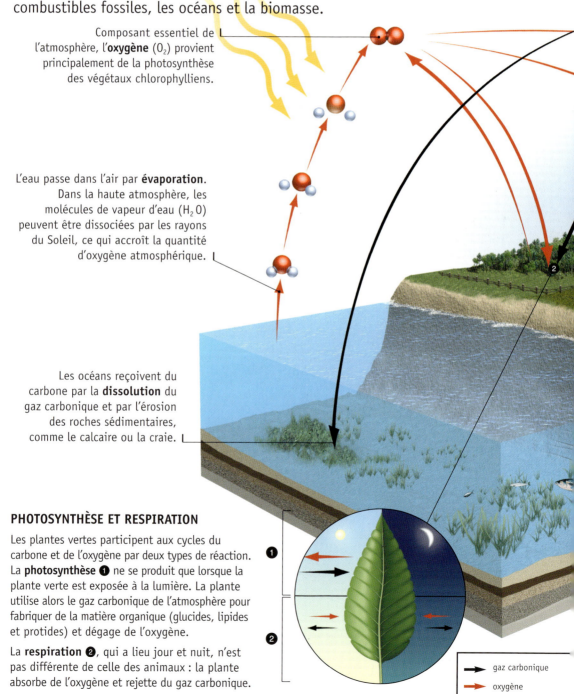

Composant essentiel de l'atmosphère, l'**oxygène** (O_2) provient principalement de la photosynthèse des végétaux chlorophylliens.

L'eau passe dans l'air par **évaporation**. Dans la haute atmosphère, les molécules de vapeur d'eau (H_2O) peuvent être dissociées par les rayons du Soleil, ce qui accroît la quantité d'oxygène atmosphérique.

Les océans reçoivent du carbone par la **dissolution** du gaz carbonique et par l'érosion des roches sédimentaires, comme le calcaire ou la craie.

PHOTOSYNTHÈSE ET RESPIRATION

Les plantes vertes participent aux cycles du carbone et de l'oxygène par deux types de réaction. La **photosynthèse** ❶ ne se produit que lorsque la plante verte est exposée à la lumière. La plante utilise alors le gaz carbonique de l'atmosphère pour fabriquer de la matière organique (glucides, lipides et protides) et dégage de l'oxygène.

La **respiration** ❷, qui a lieu jour et nuit, n'est pas différente de celle des animaux : la plante absorbe de l'oxygène et rejette du gaz carbonique.

→ gaz carbonique
→ oxygène

LE CARBONE DANS LA CHAÎNE ALIMENTAIRE

Le gaz carbonique (CO_2) ❶ contenu dans l'atmosphère est consommé par les plantes chlorophylliennes ❷, qui fixent le carbone pour réaliser leur photosynthèse et ainsi produire de la matière vivante. Les animaux ❸ transforment cette matière en la digérant, puis rejettent du gaz carbonique par leur respiration. Les décomposeurs (bactéries et champignons) dégradent les déjections animales et la biomasse morte ❹, libérant eux aussi du gaz carbonique dans l'atmosphère.

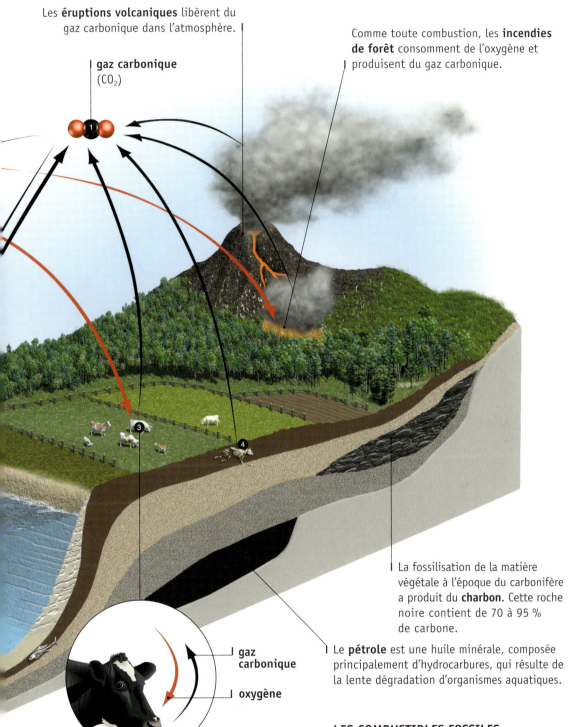

Les **éruptions volcaniques** libèrent du gaz carbonique dans l'atmosphère.

gaz carbonique (CO_2)

Comme toute combustion, les **incendies de forêt** consomment de l'oxygène et produisent du gaz carbonique.

gaz carbonique

oxygène

La fossilisation de la matière végétale à l'époque du carbonifère a produit du **charbon**. Cette roche noire contient de 70 à 95 % de carbone.

Le **pétrole** est une huile minérale, composée principalement d'hydrocarbures, qui résulte de la lente dégradation d'organismes aquatiques.

La **respiration animale** est une forme de combustion : elle brûle des sucres grâce à l'oxygène et rejette du gaz carbonique dans l'atmosphère.

LES COMBUSTIBLES FOSSILES

Le charbon, le pétrole et le gaz naturel extraits du sous-sol brûlent en dégageant du gaz carbonique. Cette combustion remet ainsi en circulation dans l'atmosphère du carbone qui a été emprisonné pendant plusieurs centaines de millions d'années.

Les cycles du phosphore et de l'azote
Transformés pour être assimilés

Le phosphore et l'azote sont des constituants essentiels de la matière vivante. Présents en grande quantité sur notre planète, ces éléments ne sont toutefois pas absorbés directement, mais le sont par l'intermédiaire de composés qui circulent entre les différents milieux et participent aux chaînes alimentaires.

LE CYCLE DU PHOSPHORE

Le phosphore est un élément très courant sur Terre, mais il n'existe pas à l'état pur dans l'atmosphère. En revanche, il se présente naturellement sous forme de phosphates ❶ dans la roche mère. L'érosion fait passer les phosphates dissous dans le sol ❷, où ils peuvent être absorbés par les plantes ❸. Celles-ci combinent le phosphore avec divers composés pour fabriquer de la matière vivante qui est transmise aux herbivores ❹ puis aux carnivores ❺ par la chaîne alimentaire. Les déjections animales et les organismes morts ❻ sont décomposés par des micro-organismes qui retournent le phosphore dans le sol, où il peut à nouveau être assimilé par les plantes.

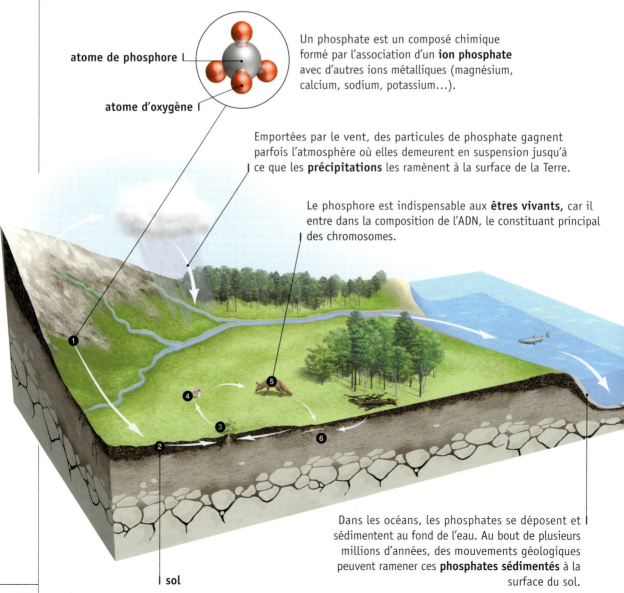

Un phosphate est un composé chimique formé par l'association d'un **ion phosphate** avec d'autres ions métalliques (magnésium, calcium, sodium, potassium...).

Emportées par le vent, des particules de phosphate gagnent parfois l'atmosphère où elles demeurent en suspension jusqu'à ce que les **précipitations** les ramènent à la surface de la Terre.

Le phosphore est indispensable aux **êtres vivants,** car il entre dans la composition de l'ADN, le constituant principal des chromosomes.

Dans les océans, les phosphates se déposent et sédimentent au fond de l'eau. Au bout de plusieurs millions d'années, des mouvements géologiques peuvent ramener ces **phosphates sédimentés** à la surface du sol.

LE CYCLE DE L'AZOTE

Bien qu'il soit très abondant dans l'atmosphère terrestre, l'azote gazeux (N_2) ❶ ne peut pas être assimilé directement par les êtres vivants. Il doit d'abord être fixé sous forme minérale en se combinant avec d'autres éléments chimiques. Ces transformations sont parfois réalisées dans l'atmosphère par l'action des radiations solaires ou de la foudre mais, le plus souvent, ce sont des micro-organismes ❷ qui fixent l'azote dans le sol en produisant de l'ion ammonium et de l'ion nitrate. Les végétaux ❸ peuvent alors l'absorber et l'utiliser pour fabriquer des acides aminés, constituants de base des protéines. Cet azote organique est transmis aux animaux ❹ par la chaîne alimentaire. Certains micro-organismes ❺ transforment l'azote organique contenu dans les excréments et les organismes morts en azote minéral, puis en azote gazeux par une réaction de dénitrification.

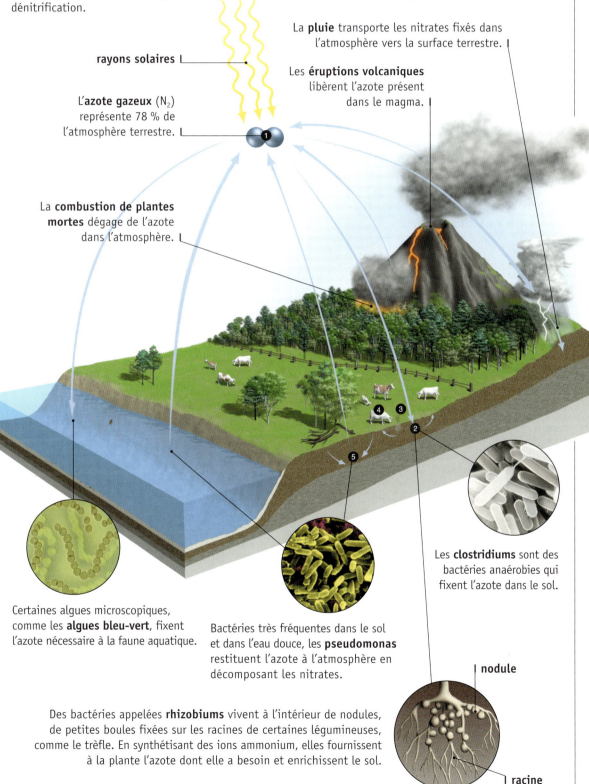

rayons solaires

La **pluie** transporte les nitrates fixés dans l'atmosphère vers la surface terrestre.

Les **éruptions volcaniques** libèrent l'azote présent dans le magma.

L'**azote gazeux** (N_2) représente 78 % de l'atmosphère terrestre.

La **combustion de plantes mortes** dégage de l'azote dans l'atmosphère.

Les **clostridiums** sont des bactéries anaérobies qui fixent l'azote dans le sol.

Certaines algues microscopiques, comme les **algues bleu-vert**, fixent l'azote nécessaire à la faune aquatique.

Bactéries très fréquentes dans le sol et dans l'eau douce, les **pseudomonas** restituent l'azote à l'atmosphère en décomposant les nitrates.

Des bactéries appelées **rhizobiums** vivent à l'intérieur de nodules, de petites boules fixées sur les racines de certaines légumineuses, comme le trèfle. En synthétisant des ions ammonium, elles fournissent à la plante l'azote dont elle a besoin et enrichissent le sol.

nodule

racine

L'environnement

L'effet de serre

Un piège pour la chaleur

Certains gaz contenus dans l'atmosphère ont la particularité d'absorber les rayons infrarouges émis par la Terre. Ce phénomène naturel, qu'on nomme « effet de serre », contribue à entretenir sur la planète une température propice à la vie. Sans lui, en effet, la température moyenne à la surface de la Terre, qui est actuellement de 15 °C, ne dépasserait pas -18 °C. La vie, telle qu'on la connaît, serait donc impossible. En émettant dans l'atmosphère des quantités croissantes de gaz à effet de serre, certaines activités humaines favorisent ce phénomène et contribuent à augmenter la température de la planète.

L'EFFET DE SERRE NATUREL

Seule la moitié des rayons du Soleil touche directement la surface de la Terre, le reste étant reflété ou absorbé par les nuages et par la tropopause. Le sol absorbe les rayons qu'il reçoit et les transforme en rayons infrarouges, qu'il réémet dans l'atmosphère. Cependant, la vapeur d'eau et certains autres gaz de l'atmosphère, dits à effet de serre, captent une partie de ces rayons et les renvoient vers la Terre. Puisque le rayonnement infrarouge transporte de l'énergie calorifique, ce phénomène accroît la température de l'air ambiant : c'est ce qu'on appelle l'effet de serre.

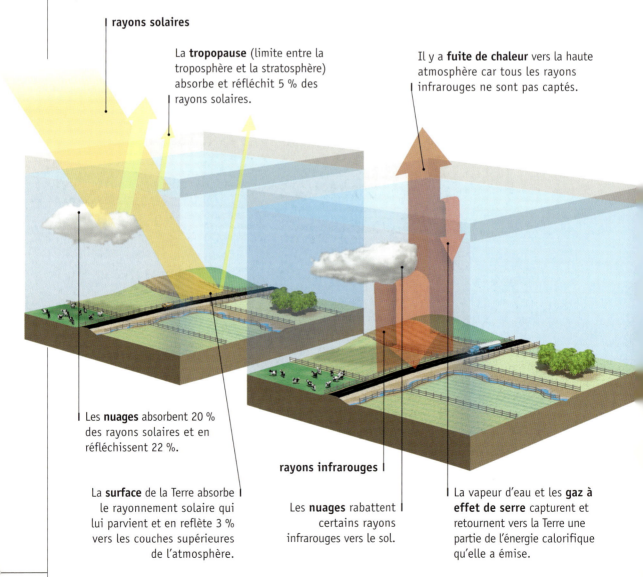

rayons solaires

La **tropopause** (limite entre la troposphère et la stratosphère) absorbe et réfléchit 5 % des rayons solaires.

Il y a **fuite de chaleur** vers la haute atmosphère car tous les rayons infrarouges ne sont pas captés.

Les **nuages** absorbent 20 % des rayons solaires et en réfléchissent 22 %.

rayons infrarouges

La **surface** de la Terre absorbe le rayonnement solaire qui lui parvient et en reflète 3 % vers les couches supérieures de l'atmosphère.

Les **nuages** rabattent certains rayons infrarouges vers le sol.

La vapeur d'eau et les **gaz à effet de serre** capturent et retournent vers la Terre une partie de l'énergie calorifique qu'elle a émise.

LES GAZ À EFFET DE SERRE

On nomme gaz à effet de serre les substances gazeuses qui contribuent à réchauffer l'atmosphère en captant les rayons infrarouges. Certains sont naturellement présents dans l'atmosphère (comme le gaz carbonique, le méthane et l'oxyde de diazote), alors que d'autres sont le résultat de l'activité humaine (comme les CFC). Quelle que soit leur origine, leur concentration n'a pas cessé d'augmenter depuis le début de la révolution industrielle, au milieu du XIXe siècle.

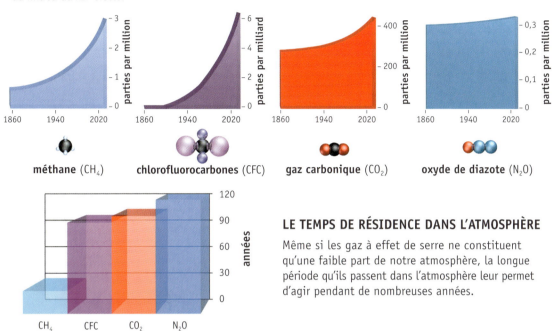

méthane (CH$_4$) chlorofluorocarbones (CFC) gaz carbonique (CO$_2$) oxyde de diazote (N$_2$O)

LE TEMPS DE RÉSIDENCE DANS L'ATMOSPHÈRE

Même si les gaz à effet de serre ne constituent qu'une faible part de notre atmosphère, la longue période qu'ils passent dans l'atmosphère leur permet d'agir pendant de nombreuses années.

L'ACCROISSEMENT DE L'EFFET DE SERRE

Plusieurs activités humaines accroissent la concentration des gaz à effet de serre dans l'atmosphère. L'agriculture intensive emploie des fertilisants qui libèrent davantage d'oxyde de diazote. La digestion des ruminants produit du méthane. Les systèmes de climatisation utilisent des CFC. Les véhicules à moteur émettent du gaz carbonique, tout comme les usines qui brûlent des combustibles fossiles (charbon, gaz naturel, mazout) et les incendies. De plus en plus abondants, les gaz à effet de serre renvoient davantage de rayons infrarouges vers le sol et amplifient le réchauffement planétaire.

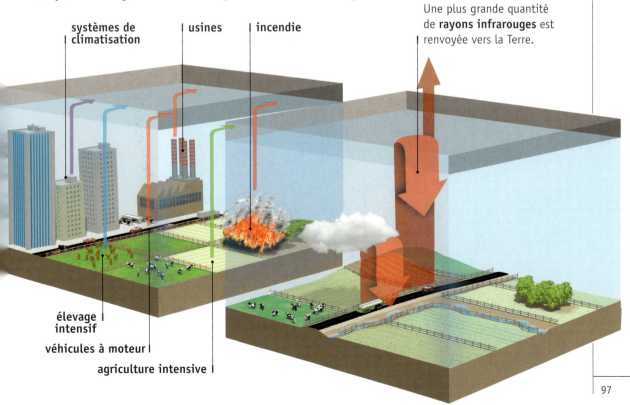

L'environnement

Le réchauffement global
Des bouleversements climatiques difficiles à prévoir

Les gaz à effet de serre sont en augmentation croissante dans la basse atmosphère depuis un siècle et demi. Selon de nombreuses études, cette évolution serait directement responsable du réchauffement actuel de la planète, et celui-ci pourrait encore s'intensifier au cours du XXIe siècle. La complexité et la diversité des facteurs qui entrent en jeu (vents, courants marins, glaces, nuages, végétaux, effet de serre) rendent difficilement prévisibles les conséquences d'un tel bouleversement climatique, mais elles pourraient être désastreuses.

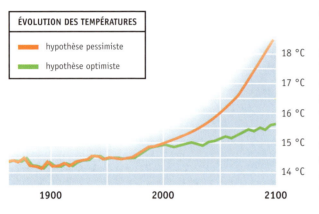

TEMPÉRATURES À LA HAUSSE

Les dernières années du XXe siècle ont été les plus chaudes depuis le Moyen Âge. Alors que la température annuelle moyenne à la surface de la Terre s'est accrue de 0,6 °C au cours du dernier siècle, des études indiquent qu'elle pourrait encore grimper de 1 à 3 °C d'ici 100 ans si les émissions de gaz à effet de serre continuent d'augmenter au rythme actuel. La Terre connaîtrait alors une chaleur comparable à celle qui régnait il y a 100 000 ans.

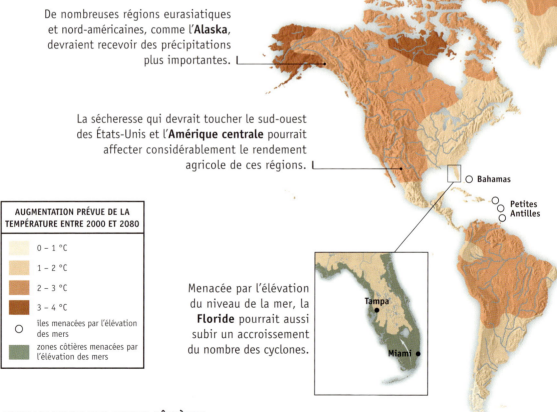

De nombreuses régions eurasiatiques et nord-américaines, comme l'**Alaska**, devraient recevoir des précipitations plus importantes.

La sécheresse qui devrait toucher le sud-ouest des États-Unis et l'**Amérique centrale** pourrait affecter considérablement le rendement agricole de ces régions.

Menacée par l'élévation du niveau de la mer, la **Floride** pourrait aussi subir un accroissement du nombre des cyclones.

L'INONDATION DES ZONES CÔTIÈRES

L'élévation du niveau des mers pourrait atteindre 80 centimètres au cours du XXIe siècle. Plusieurs milliers d'îles habitées, notamment dans les Caraïbes, l'océan Indien et l'océan Pacifique, pourraient être en partie submergées. De nombreuses régions côtières, en Floride, aux Pays-Bas, en Afrique de l'Ouest, en Chine et dans les deltas des grands fleuves, seraient également menacées par l'avancée de la mer.

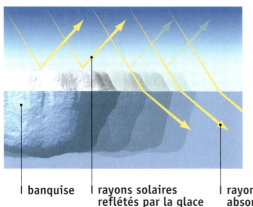

LA FONTE DE LA BANQUISE

Entre 1970 et 2000, la banquise arctique a perdu plus de 10 % de sa surface, passant de 13,5 à 12 millions de kilomètres carrés. Si la fonte de la glace de mer ne contribue pas à la hausse du niveau de la mer, elle permet toutefois à l'eau d'absorber plus de rayons solaires, ce qui accroît son réchauffement. Les régions arctiques devraient connaître une hausse des températures beaucoup plus forte que le reste de la planète.

| banquise | rayons solaires reflétés par la glace | rayons solaires absorbés par la mer

LES CONSÉQUENCES PROBABLES DU RÉCHAUFFEMENT

L'équilibre climatique de la Terre est si fragile qu'une très faible variation de température pourrait avoir des conséquences considérables, mais dont on mesure encore difficilement l'étendue possible. L'élévation du niveau moyen des eaux est sans doute l'hypothèse la plus communément admise. Elle résulterait de la combinaison de deux facteurs : la fonte des calottes glaciaires de l'Antarctique et du Groenland, et surtout l'expansion thermique de l'eau. Parmi les autres conséquences probables figurent l'intensification des sécheresses, la disparition de la toundra, l'affaiblissement du Gulf Stream, l'augmentation du nombre de cyclones et l'expansion de certaines maladies comme la malaria.

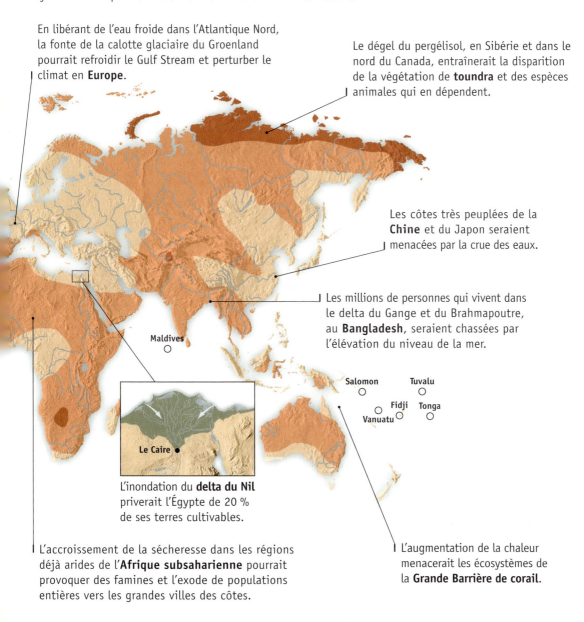

En libérant de l'eau froide dans l'Atlantique Nord, la fonte de la calotte glaciaire du Groenland pourrait refroidir le Gulf Stream et perturber le climat en **Europe**.

Le dégel du pergélisol, en Sibérie et dans le nord du Canada, entraînerait la disparition de la végétation de **toundra** et des espèces animales qui en dépendent.

Les côtes très peuplées de la **Chine** et du Japon seraient menacées par la crue des eaux.

Les millions de personnes qui vivent dans le delta du Gange et du Brahmapoutre, au **Bangladesh**, seraient chassées par l'élévation du niveau de la mer.

L'inondation du **delta du Nil** priverait l'Égypte de 20 % de ses terres cultivables.

L'accroissement de la sécheresse dans les régions déjà arides de l'**Afrique subsaharienne** pourrait provoquer des famines et l'exode de populations entières vers les grandes villes des côtes.

L'augmentation de la chaleur menacerait les écosystèmes de la **Grande Barrière de corail**.

La couche d'ozone
Un filtre fragile

L'ozone est un gaz bleuâtre dont les molécules sont constituées de trois atomes d'oxygène (O_3). Il se trouve principalement dans la stratosphère, à une altitude comprise entre 20 et 30 km, où il forme une enveloppe gazeuse connue sous le nom de « couche d'ozone ».

Malgré sa très faible concentration (10 parties par million), la couche d'ozone agit comme un véritable bouclier contre les rayons ultraviolets du Soleil. Sans ce filtre, les rayonnements solaires pourraient en effet causer des cancers de la peau, des déficiences immunitaires et même des mutations génétiques. Révélé par les satellites, l'amincissement de la couche d'ozone est un phénomène inquiétant, provoqué par le rejet dans l'atmosphère de certains produits industriels, comme par exemple les CFC.

FORMATION ET DESTRUCTION NATURELLES DE L'OZONE

L'ozone se forme naturellement dans la stratosphère lorsqu'un rayon ultraviolet ❶ du Soleil frappe une molécule d'oxygène (O_2) ❷ et la décompose en deux atomes d'oxygène. Chacun d'eux peut s'associer à une autre molécule d'oxygène ❸ et créer ainsi une molécule d'ozone (O_3) ❹. Lorsque l'ozone absorbe la lumière ultraviolette ❺, il utilise son énergie pour se scinder en une molécule d'oxygène ❻ et un atome libre ❼. Celui-ci peut entrer en contact avec une autre molécule d'ozone ❽ et former deux molécules d'oxygène ❾. Ce processus atteint normalement un équilibre où la génération et la destruction d'ozone s'équivalent.

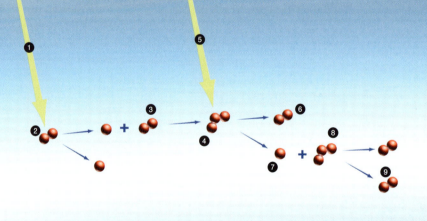

Seuls les **rayons ultraviolets** qui n'ont pas frappé une molécule d'oxygène ou d'ozone atteignent la surface de la Terre.

LA DÉPLÉTION DE LA COUCHE D'OZONE

Plusieurs satellites ont pour mission de mesurer l'épaisseur de la couche d'ozone. Les images synthétisées à partir de leurs observations montrent son amincissement progressif autour de la Terre. Depuis 1984, un trou d'ozone se forme chaque printemps au-dessus de l'Antarctique, puis se résorbe au cours d'une période de 4 à 6 semaines. Dans l'échelle de Dobson, utilisée pour indiquer l'épaisseur de la couche d'ozone, chaque centaine d'unités correspond à 1 mm d'ozone comprimé.

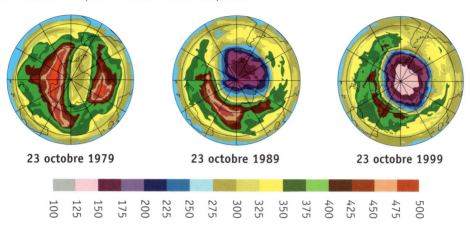

23 octobre 1979   23 octobre 1989   23 octobre 1999

100 125 150 175 200 225 250 275 300 325 350 375 400 425 450 475 500

L'EFFET DES CFC DANS LA STRATOSPHÈRE

Lorsqu'un rayon ultraviolet ❶ du Soleil frappe une molécule de CFC ❷, celle-ci libère un atome de chlore ❸, qui peut alors s'associer à une molécule d'ozone (O_3) ❹ pour produire de l'oxygène (O_2) ❺ et du monoxyde de chlore (ClO) ❻. Si une molécule de monoxyde de chlore rencontre un atome d'oxygène libre ❼, leur réaction produit une molécule d'oxygène ❽ et un atome de chlore ❾, libre de détruire une autre molécule d'ozone. On estime que cette réaction en chaîne peut se répéter jusqu'à 100 000 fois.

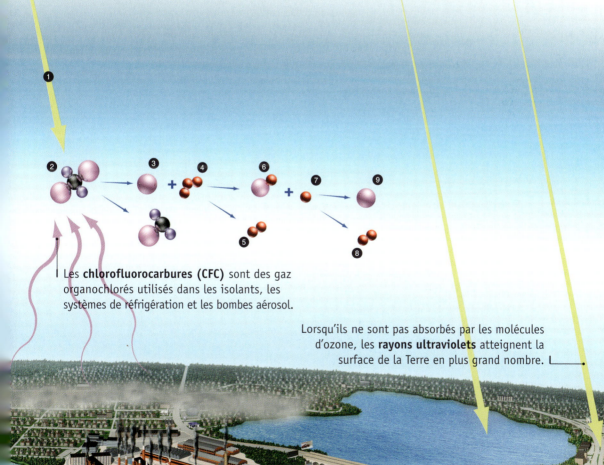

Les **chlorofluorocarbures (CFC)** sont des gaz organochlorés utilisés dans les isolants, les systèmes de réfrigération et les bombes aérosol.

Lorsqu'ils ne sont pas absorbés par les molécules d'ozone, les **rayons ultraviolets** atteignent la surface de la Terre en plus grand nombre.

Les sources de la pollution atmosphérique
Comment l'homme pollue l'air

Formée à 99 % d'azote et d'oxygène, l'atmosphère conserve une composition remarquablement stable depuis des millions d'années. La concentration de certains autres composés a toutefois subi des variations considérables au cours des deux derniers siècles. Les activités humaines sont largement responsables de cette transformation, dont les effets à moyen et long termes ne sont pas encore tous connus.

Dans les régions tropicales, les **incendies de forêts** servent souvent à ouvrir de nouvelles terres cultivables. Ces pratiques libèrent du monoxyde de carbone, du méthane et des oxydes d'azote.

Certains gaz polluants réagissent avec le rayonnement solaire pour former de l'ozone (O_3), qui entre dans le processus de formation du **smog**.

En fertilisant les sols avec des engrais azotés, l'**agriculture** est responsable de la production d'oxyde de diazote.

Dans les sites d'enfouissement des **déchets**, la décomposition des matières organiques produit du méthane.

Les **rizières** dégagent d'importantes quantités de méthane dans l'atmosphère.

Les bactéries anaérobies présentes dans l'appareil digestif des ruminants produisent du méthane, ce qui fait de l'**élevage** une source importante de pollution atmosphérique.

Alors que tous les êtres vivants produisent du gaz carbonique par la respiration, seuls les végétaux sont capables de l'absorber par photosynthèse et de s'en nourrir. La **déforestation** à grande échelle entraîne donc un accroissement de ce gaz dans l'atmosphère.

LES POLLUANTS DE L'ATMOSPHÈRE

Les gaz et les particules polluants ne constituent qu'une infime partie de l'atmosphère et la plupart d'entre eux ont une origine naturelle (volcans, incendies de forêts, décomposition). Cependant, le développement des activités industrielles depuis deux siècles a considérablement accru leur concentration. Certains composés, comme les CFC, n'existaient pas dans l'atmosphère il y a 100 ans.

Parmi les gaz, le dioxyde de soufre (SO_2) est impliqué dans les pluies acides, tout comme le monoxyde d'azote (NO) et le dioxyde d'azote (NO_2), qui participent également à la formation du smog. Les chlorofluorocarbures (CFC) sont les principaux responsables de la destruction de la couche d'ozone, mais ils interviennent aussi dans l'effet de serre, avec le méthane (CH_4), le gaz carbonique (CO_2) et l'oxyde de diazote (N_2O).

Très variée, la pollution non gazeuse inclut des particules grossières (suie, poussière), de petites particules de métal (plomb, cuivre, zinc, cadmium) et de très fines particules de sels (nitrates, sulfates). Cette forme de pollution atmosphérique est surtout dommageable pour la santé.

Les vents transportent les polluants atmosphériques vers d'autres régions, où ils se déversent sous formes de **pluies acides**.

rejets industriels

LA POLLUTION INDUSTRIELLE

Les industries lourdes sont extrêmement polluantes pour l'air. Les centrales thermiques au charbon dégagent de très grandes quantités de dioxyde de soufre et d'oxydes d'azote, tandis que les usines métallurgiques libèrent des particules de plusieurs métaux lourds. D'autres polluants sont également produits par des industries spécialisées, comme le fluor (aluminerie, verrerie), les chlorures de vinyle (plasturgie), l'acide chlorhydrique (usines d'incinération), le mercaptan (papeterie), etc.

La **circulation automobile** est l'une des principales causes de pollution atmosphérique : un moteur à essence rejette notamment des oxydes de carbone, des oxydes d'azote, du dioxyde de soufre et des hydrocarbures. Au total, les véhicules à moteur sont responsables de l'émission du tiers des gaz polluants.

Certains **produits ménagers**, comme les réfrigérateurs, les climatiseurs et les bombes aérosol, dégagent des chlorofluorocarbures (CFC). Les systèmes de chauffage par combustion rejettent des oxydes de carbone.

L'environnement

Les effets de la pollution atmosphérique
Un problème mondial

Smog dans les grandes villes, pluies acides, diminution de la couche d'ozone, amplification de l'effet de serre : la pollution atmosphérique a des effets nombreux qui ne se limitent pas aux régions industrielles. Les courants atmosphériques dispersent les polluants sur tous les continents, parfois très loin de la source de pollution. On retrouve même du plomb dans le pelage des ours polaires.

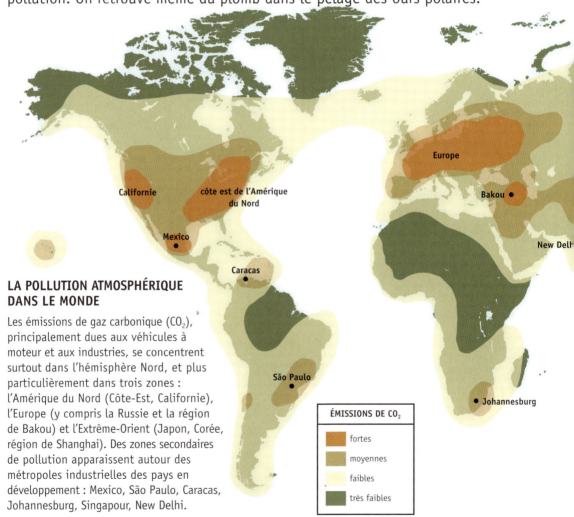

LA POLLUTION ATMOSPHÉRIQUE DANS LE MONDE

Les émissions de gaz carbonique (CO_2), principalement dues aux véhicules à moteur et aux industries, se concentrent surtout dans l'hémisphère Nord, et plus particulièrement dans trois zones : l'Amérique du Nord (Côte-Est, Californie), l'Europe (y compris la Russie et la région de Bakou) et l'Extrême-Orient (Japon, Corée, région de Shanghai). Des zones secondaires de pollution apparaissent autour des métropoles industrielles des pays en développement : Mexico, São Paulo, Caracas, Johannesburg, Singapour, New Delhi.

ÉMISSIONS DE CO_2
- fortes
- moyennes
- faibles
- très faibles

OÙ RETOMBENT LES POLLUANTS ?

La plus grande partie des polluants retombe sous forme de dépôt sec ❶ à proximité de la source de pollution. Le reste, poussé par les vents ❷, dérive sur plusieurs centaines de kilomètres, avant de regagner le sol par l'intermédiaire des précipitations ❸. Lorsqu'ils parviennent en haute altitude ❹, certains gaz transportés par les vents peuvent se déposer ❺ à des milliers de kilomètres de leur lieu d'origine. Pour leur part, les CFC gagnent la stratosphère ❻, où ils contribuent à la déplétion de la couche d'ozone.

LA DISPERSION DE LA POLLUTION NORD-AMÉRICAINE

Dispersés par les vents de surface, les oxydes d'azote rejetés dans l'atmosphère dans le nord-est des États-Unis et l'est du Canada se déposent majoritairement à proximité de la source de pollution. Une partie des gaz est toutefois emportée par les vents de haute altitude au-dessus de l'Atlantique et même de l'Europe occidentale.

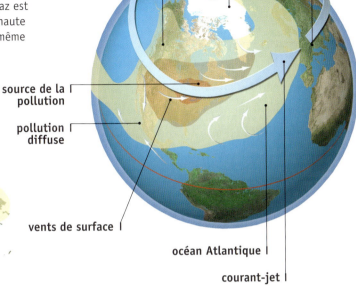

La pollution atmosphérique est si forte à **Singapour** que les automobilistes doivent payer un péage pour circuler dans les rues de la ville aux heures de pointe.

L'INVERSION ATMOSPHÉRIQUE ET LE SMOG

Le terme « smog », contraction des mots anglais *smoke* (fumée) et *fog* (brouillard), désigne le dangereux mélange de polluants atmosphériques (ozone, particules, dioxyde d'azote, dioxyde de soufre) qui stagne au-dessus de certaines villes. La formation de ce phénomène est souvent favorisée par l'inversion atmosphérique : au lieu de monter dans l'atmosphère, l'air pollué de surface est bloqué par une masse d'air chaud qui se trouve en altitude.

Lorsqu'une ville côtière est adossée à une montagne, celle-ci peut jouer un rôle de barrière. Piégé par l'inversion atmosphérique, rabattu par la brise de mer, l'air pollué ne peut s'échapper vers l'intérieur des terres. C'est la situation qui prévaut en été à Los Angeles.

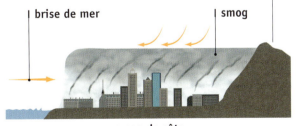

smog de côte

Une ville située dans une vallée ou une cuvette, comme Londres, peut être sujette au smog si ses hivers sont humides. Les nuages empêchant les rayons solaires de réchauffer l'air de surface, celui-ci demeure froid, humide et pollué, ce qui entretient et accentue le phénomène.

smog de vallée

Les pluies acides
Quand la pluie devient nocive

L'eau de pluie est naturellement acide (pH 5,6), car l'air contient du gaz carbonique (CO_2), qui se transforme en acide carbonique au contact de l'eau. Différentes activités humaines contribuent cependant à augmenter cette acidité : des pluies observées en 1974 à Pitlochry en Écosse étaient aussi acides que du jus de citron, soit environ 1 000 fois plus que l'eau de pluie normale. Ce phénomène a des conséquences désastreuses pour l'environnement, tout particulièrement dans les forêts et dans les lacs.

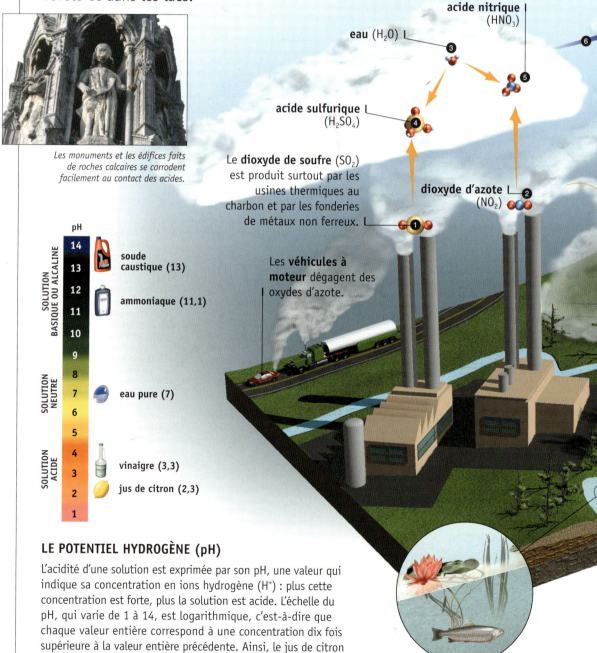

Les monuments et les édifices faits de roches calcaires se corrodent facilement au contact des acides.

Le **dioxyde de soufre** (SO_2) est produit surtout par les usines thermiques au charbon et par les fonderies de métaux non ferreux.

acide nitrique (HNO_3)

eau (H_2O)

acide sulfurique (H_2SO_4)

dioxyde d'azote (NO_2)

Les **véhicules à moteur** dégagent des oxydes d'azote.

pH		
14	soude caustique (13)	SOLUTION BASIQUE OU ALCALINE
13		
12	ammoniaque (11,1)	
11		
10		
9		
8		SOLUTION NEUTRE
7	eau pure (7)	
6		
5		SOLUTION ACIDE
4		
3	vinaigre (3,3)	
2	jus de citron (2,3)	
1		

LE POTENTIEL HYDROGÈNE (pH)

L'acidité d'une solution est exprimée par son pH, une valeur qui indique sa concentration en ions hydrogène (H^+) : plus cette concentration est forte, plus la solution est acide. L'échelle du pH, qui varie de 1 à 14, est logarithmique, c'est-à-dire que chaque valeur entière correspond à une concentration dix fois supérieure à la valeur entière précédente. Ainsi, le jus de citron (pH 2,3) est 10 fois plus acide que le vinaigre (pH 3,3), tandis que la soude caustique (pH 13) est environ 100 fois plus alcaline que l'ammoniaque (pH 11,1). Quant à l'eau pure (pH 7), son acidité est neutre : elle contient autant d'ions hydrogène que d'ions hydroxyde (OH^-).

Un **lac** en milieu calcaire neutralise les pluies acides. Son pH se maintient entre 7 et 8 et permet aux animaux et aux plantes de se développer normalement puisqu'ils y sont adaptés.

COMMENT LES PLUIES ACIDES SE FORMENT ET AGISSENT SUR L'ENVIRONNEMENT

L'utilisation massive de combustibles fossiles par les véhicules à moteur et par les industries provoque le dégagement de dioxyde de soufre ❶ et d'oxydes d'azote ❷ dans l'atmosphère. Lorsque ces produits se combinent avec l'eau ❸ des nuages, il se forme de l'acide sulfurique ❹ et de l'acide nitrique ❺. Les nuages pollués sont emportés par les vents ❻, parfois à des milliers de kilomètres du lieu de la pollution, avant que les précipitations de pluie ❼ et de neige ❽ ne ramènent les acides sur Terre. Ceux-ci peuvent atteindre directement les cours d'eau ❾ ou pénétrer dans le sol ❿, où ils fixent et transportent certains éléments chimiques (aluminium, plomb, mercure) jusqu'à la nappe phréatique ⓫.

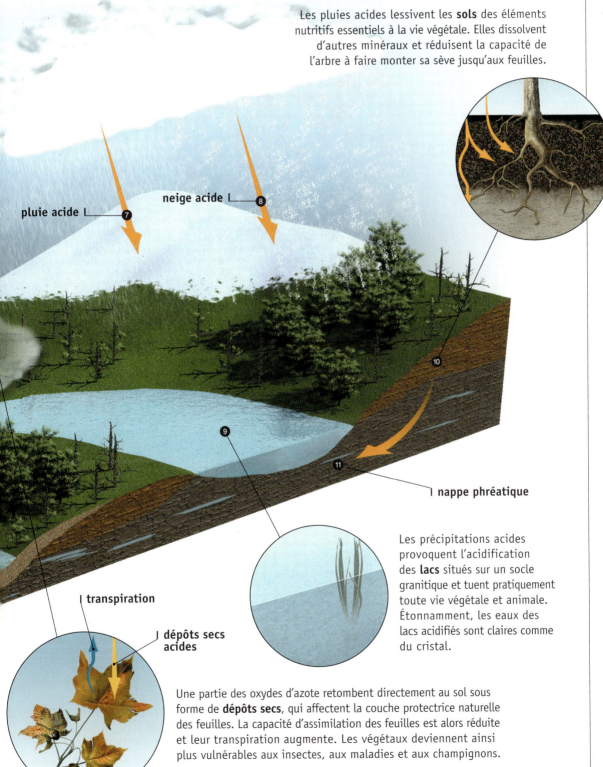

Les pluies acides lessivent les **sols** des éléments nutritifs essentiels à la vie végétale. Elles dissolvent d'autres minéraux et réduisent la capacité de l'arbre à faire monter sa sève jusqu'aux feuilles.

pluie acide

neige acide

nappe phréatique

transpiration

dépôts secs acides

Les précipitations acides provoquent l'acidification des **lacs** situés sur un socle granitique et tuent pratiquement toute vie végétale et animale. Étonnamment, les eaux des lacs acidifiés sont claires comme du cristal.

Une partie des oxydes d'azote retombent directement au sol sous forme de **dépôts secs**, qui affectent la couche protectrice naturelle des feuilles. La capacité d'assimilation des feuilles est alors réduite et leur transpiration augmente. Les végétaux deviennent ainsi plus vulnérables aux insectes, aux maladies et aux champignons.

Les sources de la pollution de l'eau
La poubelle du monde

Industries, exploitations agricoles, mines, nettoyage urbain et même domestique : de nombreuses activités humaines rejettent des eaux souillées dans la nature. Puisque l'eau ne cesse jamais de circuler, elle transporte et redistribue autour de la planète les polluants dont elle se charge, que ce soit des pesticides, des bactéries ou des métaux lourds. Ainsi, du DDT vaporisé au-dessus d'un champ rejoindra la nappe phréatique, passera dans un cours d'eau et aboutira dans l'océan en ayant contaminé plusieurs milieux.

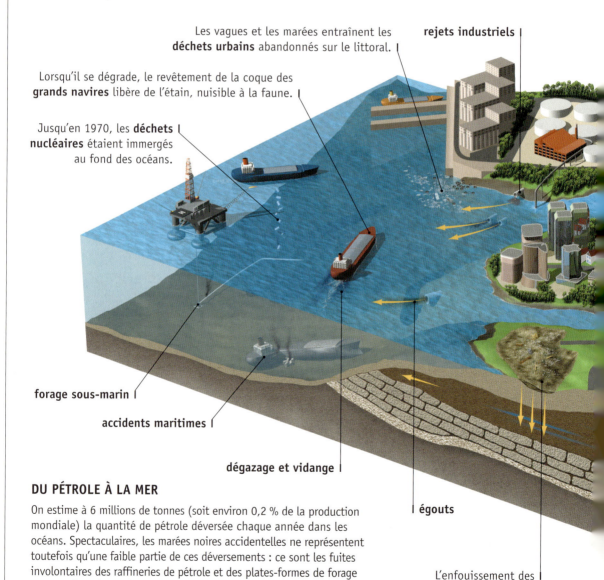

Les vagues et les marées entraînent les **déchets urbains** abandonnés sur le littoral.

rejets industriels

Lorsqu'il se dégrade, le revêtement de la coque des **grands navires** libère de l'étain, nuisible à la faune.

Jusqu'en 1970, les **déchets nucléaires** étaient immergés au fond des océans.

forage sous-marin

accidents maritimes

dégazage et vidange

égouts

L'enfouissement des **déchets domestiques** entraîne la contamination de la nappe phréatique.

DU PÉTROLE À LA MER

On estime à 6 millions de tonnes (soit environ 0,2 % de la production mondiale) la quantité de pétrole déversée chaque année dans les océans. Spectaculaires, les marées noires accidentelles ne représentent toutefois qu'une faible partie de ces déversements : ce sont les fuites involontaires des raffineries de pétrole et des plates-formes de forage sous-marin qui constituent les principaux responsables de la pollution pétrolière des océans. Autre source de pollution aux hydrocarbures, la vidange des réservoirs et le dégazage en haute mer des 3 000 pétroliers en activité laissent des traînées permanentes de pétrole le long des principales routes maritimes. Enfin, les rejets volontaires ou accidentels issus des terres (vidanges automobiles, industries, réservoirs) sont transportés par les cours d'eau jusqu'à la mer.

LA MER, UN GIGANTESQUE DÉPOTOIR

Malgré la Convention de Londres, qui interdit depuis 1972 le déversement en mer des ordures ménagères, d'innombrables déchets solides (emballages plastiques, boîtes de conserve, filets de pêche) continuent de flotter à la surface des océans. En outre, de nombreuses villes du monde ne traitent toujours pas leurs eaux usées avant de les déverser dans la mer. Ces rejets contiennent des matières organiques, qui peuvent provoquer des infections et le développement excessif des algues, mais aussi des produits chimiques toxiques pour l'environnement (détergents, sels de déneigement).

L'ORIGINE DE LA POLLUTION DE L'EAU

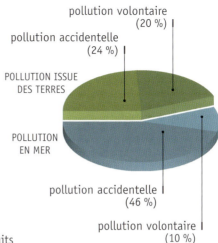

pollution volontaire (20 %)
pollution accidentelle (24 %)
POLLUTION ISSUE DES TERRES
POLLUTION EN MER
pollution accidentelle (46 %)
pollution volontaire (10 %)

Les **eaux de refroidissement** des centrales nucléaires sont beaucoup plus chaudes que le milieu dans lequel elles sont déversées, ce qui perturbe l'écosystème.

La stagnation des eaux retenues par les **barrages** favorise la concentration de produits chimiques et le développement de maladies.

Les **mines** de charbon et de certains métaux rejettent de la pyrite, qui se transforme en acide sulfurique par contact avec l'oxygène et l'eau. Ce produit toxique est disséminé dans le réseau fluvial lorsqu'un bassin de rétention fuit.

Les engrais, pesticides, insecticides et herbicides employés par l'**agriculture intensive** passent dans l'eau.

Dans les élevages intensifs, les **déjections animales** accroissent la quantité de nitrates dans l'eau souterraine.

Les **fosses septiques** polluent l'eau du sous-sol, tout comme les pesticides utilisés dans l'arrosage domestique et municipal.

En fuyant, certains vieux **réservoirs souterrains** d'essence déversent des hydrocarbures dans la nappe phréatique.

La pollution de l'eau
Des effets sur l'environnement et sur l'homme

Parce que l'eau est une ressource vitale pour tous les êtres vivants, sa pollution constitue un des problèmes environnementaux les plus sérieux. Non seulement les détritus solides peuvent blesser les animaux aquatiques, mais l'introduction d'éléments toxiques (organiques ou inorganiques) dans l'eau bouleverse gravement les écosystèmes, favorisant le développement d'épidémies, infectant les chaînes alimentaires et faisant disparaître certaines espèces animales et végétales.

LE PHÉNOMÈNE DE DYSTROPHISATION

L'enrichissement naturel d'un lac en substances nutritives est appelé eutrophisation. Sans pollution humaine, ce phénomène se déroule très lentement, grâce aux eaux de ruissellement qui drainent les matières organiques. L'excès de substances nutritives entraîne la dystrophisation du milieu aquatique et peut avoir des conséquences dramatiques.

Exxon Valdez, 1989

Burmah Agate, 1979

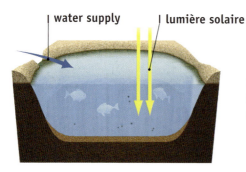

Dans un bassin normalement oxygéné, la faune est variée, l'eau claire, les algues peu abondantes et la sédimentation limitée.

POLLUTION CÔTIÈRE
- zones côtières polluées
- marée noire

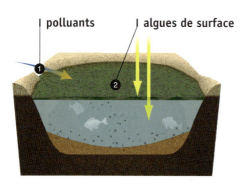

Différentes sources de pollution (effluents industriels, égouts, engrais agricoles) peuvent amener un excès de phosphates ou de nitrates ❶ dans le bassin. Cet apport de matières nutritives stimule la croissance des algues de surface ❷.

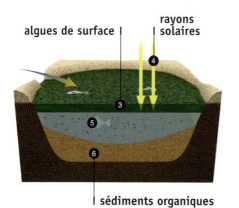

L'épaississement de la couche d'algues de surface ❸ bloque les rayons solaires ❹. Privées de lumière, les algues de fond meurent, ce qui entraîne la multiplication des bactéries, consommatrices d'oxygène. Une partie de la faune aquatique ❺ disparaît par manque d'oxygène, tandis que le fond du bassin se remplit de sédiments organiques ❻. Au terme du processus, l'eau totalement privée d'oxygène dégage de l'ammoniac et de l'hydrogène sulfureux.

EAU POTABLE, CHOLÉRA ET POLLUTION CÔTIÈRE

L'accès à une eau potable de qualité est très inéquitablement réparti autour du monde. Alors que la presque totalité de la population des pays industrialisés du Nord bénéficie d'eau saine et de systèmes d'évacuation et d'épuration des eaux usées, les habitants des régions les plus pauvres du globe en sont très souvent privés, ce qui les expose à toutes sortes de maladies.

La propreté de l'eau constitue en effet un facteur essentiel de santé publique. On estime à 25 millions le nombre de décès attribuables chaque année à l'insalubrité des eaux, que ce soit par l'intermédiaire de maladies infectieuses (choléra, typhoïde, dysenterie, hépatite) ou parasitaires (malaria, bilharziose).

Au contraire, la pollution côtière, due aux rejets industriels, aux produits agricoles et aux effluents urbains, est surtout localisée dans les régions riches du globe (mer du Nord, golfe du Mexique, etc.). Quant à la Méditerranée, elle souffre aussi bien de dystrophisation que de pollution aux hydrocarbures.

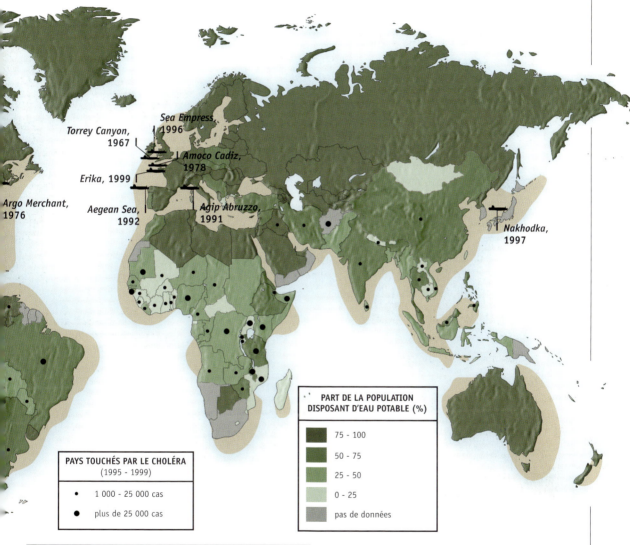

LES MARÉES NOIRES

Les grandes marées noires qui engluent les littoraux sont la manifestation la plus visible de la pollution des océans. Bien que les hydrocarbures soient biodégradables, leur décomposition peut prendre des années, si bien que des traces de pétrole demeurent très longtemps sur le site du déversement.

Le traitement des eaux usées

Épurer l'eau polluée

L'eau utilisée par les diverses activités humaines se charge de nombreux résidus organiques et chimiques. Souvent néfastes pour l'environnement, ces déchets peuvent même avoir un impact désastreux s'ils ne sont pas convenablement traités avant d'être rejetés. Un processus complexe d'épuration est appliqué aux eaux usées pour éviter qu'elles ne polluent le milieu naturel.

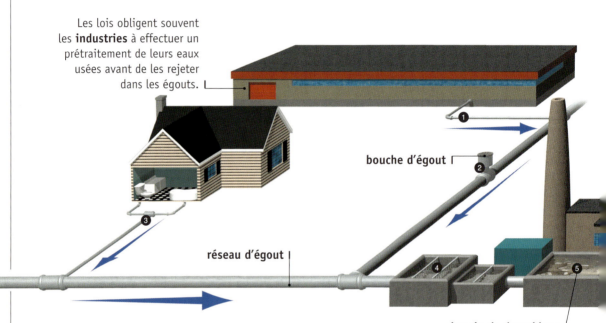

Les lois obligent souvent les **industries** à effectuer un prétraitement de leurs eaux usées avant de les rejeter dans les égouts.

bouche d'égout

réseau d'égout

bassin de dessablage

LE TRAITEMENT MÉCANIQUE

Les eaux usées provenant des industries ❶, des rues ❷ et des résidences ❸ sont collectées dans le réseau d'égouts. La première étape de leur épuration consiste à en retirer les matières grossières à l'aide de grilles dans un procédé appelé dégrillage ❹. L'eau est ensuite dirigée vers un bassin de dessablage ❺, où les particules minérales et denses se déposent au fond et sont évacuées vers un site d'enfouissement. Cette opération permet d'éliminer les matières abrasives, qui pourraient endommager les appareils de pompage. Un déshuilage, qui élimine par différence de densité les graisses et les huiles présentes dans l'eau, est aussi effectué à cette étape. Ces matières flottantes sont évacuées vers un digesteur ❻.

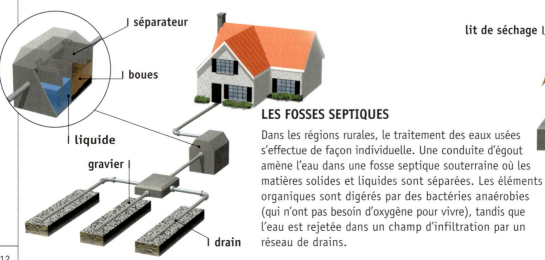

séparateur

boues

liquide

gravier

drain

lit de séchage

LES FOSSES SEPTIQUES

Dans les régions rurales, le traitement des eaux usées s'effectue de façon individuelle. Une conduite d'égout amène l'eau dans une fosse septique souterraine où les matières solides et liquides sont séparées. Les éléments organiques sont digérés par des bactéries anaérobies (qui n'ont pas besoin d'oxygène pour vivre), tandis que l'eau est rejetée dans un champ d'infiltration par un réseau de drains.

DÉCANTATION ET ÉPURATION BIOLOGIQUE DE L'EAU

Une fois débarrassée de ses matières solides, l'eau est acheminée vers un premier décanteur ❼, qu'elle traverse à faible vitesse. Les matières en suspension se déposent sous forme de boues au fond du bassin, où elles sont raclées et évacuées vers le digesteur.

L'eau décantée passe ensuite dans un bassin d'aération ❽ pour y subir une épuration biologique. Des colonies de bactéries aérobies, constamment alimentées en oxygène, s'y nourrissent de la pollution organique et s'agglomèrent en masses floconneuses. Elles produisent des composés stables (gaz carbonique, eau, minéraux) ainsi que des boues, qu'un brassage permanent maintient en suspension dans l'eau.

Pompée vers un clarificateur ❾, l'eau y est séparée des boues par décantation. Une partie des boues récupérées est réintroduite ❿ dans le bassin d'aération, où les micro-organismes qu'elles contiennent entretiennent le processus. Le reste des résidus solides est dirigé vers le digesteur, tandis que l'eau subit une série de traitements supplémentaires ⓫ avant d'être rejetée dans l'environnement ⓬.

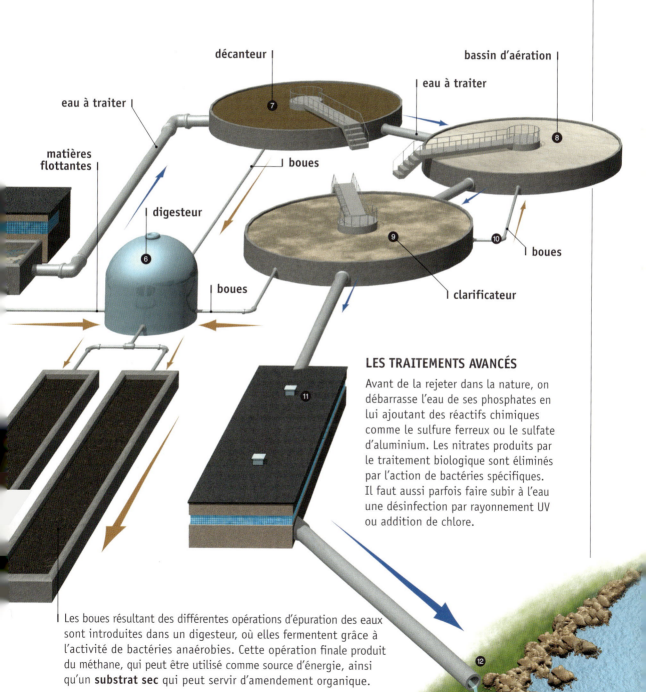

LES TRAITEMENTS AVANCÉS

Avant de la rejeter dans la nature, on débarrasse l'eau de ses phosphates en lui ajoutant des réactifs chimiques comme le sulfure ferreux ou le sulfate d'aluminium. Les nitrates produits par le traitement biologique sont éliminés par l'action de bactéries spécifiques. Il faut aussi parfois faire subir à l'eau une désinfection par rayonnement UV ou addition de chlore.

Les boues résultant des différentes opérations d'épuration des eaux sont introduites dans un digesteur, où elles fermentent grâce à l'activité de bactéries anaérobies. Cette opération finale produit du méthane, qui peut être utilisé comme source d'énergie, ainsi qu'un **substrat sec** qui peut servir d'amendement organique.

La pollution des sols
La Terre empoisonnée

Chaque année, nous rejetons dans la nature des millions de tonnes de déchets industriels, d'ordures ménagères, d'engrais et de pesticides. Biodégradables, c'est-à-dire décomposables par des micro-organismes, les matières organiques (qui contiennent du carbone) disparaissent plus ou moins rapidement. À l'inverse, les produits inorganiques, de plus en plus nombreux et variés, s'infiltrent dans le sol, où ils forment des résidus toxiques qui empoisonnent l'environnement. Malgré les efforts pour réglementer l'élimination des déchets et les pratiques agricoles, la contamination des sols ne cesse de s'accroître.

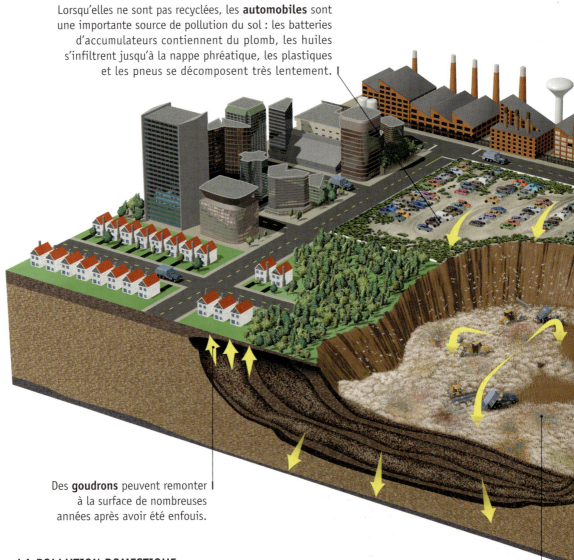

Lorsqu'elles ne sont pas recyclées, les **automobiles** sont une importante source de pollution du sol : les batteries d'accumulateurs contiennent du plomb, les huiles s'infiltrent jusqu'à la nappe phréatique, les plastiques et les pneus se décomposent très lentement.

Des **goudrons** peuvent remonter à la surface de nombreuses années après avoir été enfouis.

LA POLLUTION DOMESTIQUE

Les ordures ménagères sont surtout composées de matières organiques, qui peuvent être dégradées par les bactéries du sol. Cependant, elles contiennent aussi des plastiques, des détergents, des solvants et des métaux lourds (plomb, mercure, cadmium).

Un **site d'enfouissement** consiste en une excavation dans laquelle les déchets domestiques et industriels sont jetés et recouverts par des couches successives de terre. Bien qu'ils soient imperméabilisés par des films plastiques ou par un socle de glaise, le ruissellement des eaux de pluie entraîne l'infiltration de certains polluants dans le sous-sol.

UNE FORME DE POLLUTION INATTENDUE : LA SALINISATION DES SOLS

Dans une région à climat sec, la nappe phréatique se trouve généralement à des profondeurs importantes. La végétation (arbustes, herbes) est dispersée ❶. L'établissement de cultures agricoles sur un terrain sec oblige à créer un système d'irrigation ❷. L'apport d'eau extérieure sature le sol et entraîne la remontée de la nappe phréatique. Les sels présents dans la nappe phréatique remontent vers la surface ❸. Lorsque la nappe affleure, l'eau s'évapore, concentrant le sel dans les couches supérieures du sol. La croûte salée empoisonne les plantes.

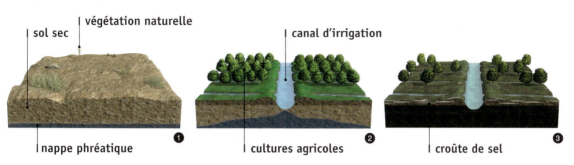

LA POLLUTION INDUSTRIELLE

La plupart des polluants non biodégradables du sol proviennent des industries, qui rejettent plus de 700 substances différentes. Employé notamment dans les piles et les peintures, le mercure provoque de très graves troubles sensoriels et moteurs chez l'homme. Le plomb, un métal lourd qui entre surtout dans la fabrication des batteries d'accumulateurs, est un poison qui peut causer le saturnisme. Utilisés dans les transformateurs électriques et les plastiques, les BPC (biphényles polychlorés) se dégradent en dégageant de la dioxine, un produit chloré très toxique. Le trichloréthylène est un solvant industriel qui entraîne le coma lorsqu'il est ingéré.

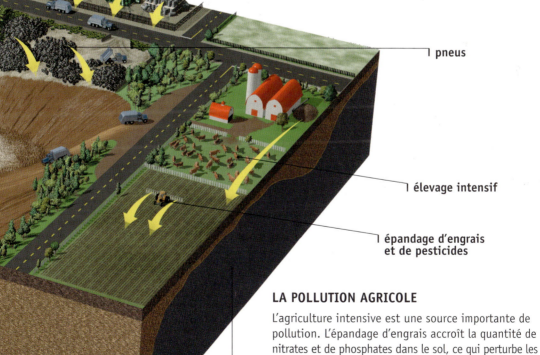

LA POLLUTION AGRICOLE

L'agriculture intensive est une source importante de pollution. L'épandage d'engrais accroît la quantité de nitrates et de phosphates dans le sol, ce qui perturbe les cycles de l'azote et du phosphore. Quant aux pesticides, herbicides et fongicides pulvérisés sur les cultures, ils agissent sans distinction sur l'ensemble de l'écosystème et pénètrent du même coup dans la chaîne alimentaire.

Dans les fermes d'élevage intensif, les déjections animales amènent dans les sols de grandes quantités de nitrates qui s'infiltrent ensuite dans la nappe phréatique.

La désertification
Comment une terre devient infertile

Sous l'action combinée de la sécheresse et de l'activité humaine, de plus en plus de régions autrefois cultivables (comme le Sahara il y a encore 4 000 ans) se transforment en déserts. On estime que, chaque année, de cinq à six millions d'hectares de terres arables sont touchés par le phénomène de la désertification sur tous les continents.

L'ASSÈCHEMENT DE LA MER D'ARAL

L'assèchement de la mer d'Aral, autrefois la quatrième mer intérieure du globe pour sa surface, est une conséquence directe du vaste programme d'irrigation du désert du Karakoum lancé en 1954 à la frontière du Kazakhstan et de l'Ouzbékistan. En détournant les fleuves Syr-Darya et Amou-Darya pour favoriser la culture du coton, on a éliminé les principales arrivées d'eau de la mer d'Aral, qui s'est progressivement réduite à deux petits lacs. En l'an 2000, la surface de la mer d'Aral est de 60 % inférieure à celle de 1960 et son volume a diminué de 80 %. Son taux de salinité atteint 4,5 %, soit sensiblement plus que celui de l'océan.

ÉTENDUE DE LA MER D'ARAL
- 1960
- 1975
- 1987
- 2000

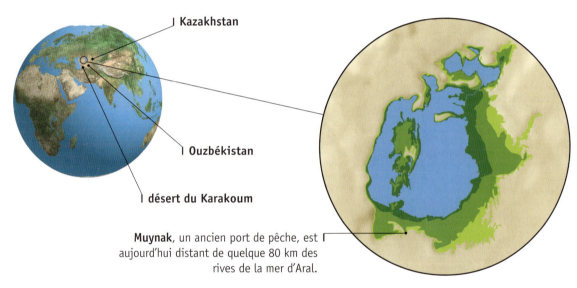

Kazakhstan

Ouzbékistan

désert du Karakoum

Muynak, un ancien port de pêche, est aujourd'hui distant de quelque 80 km des rives de la mer d'Aral.

AGRICULTURE ET DÉSERTIFICATION

La désertification résulte parfois de techniques agricoles abusives ou improvisées. La surexploitation des terres (monoculture, surpâturage, déboisement) détruit des sols qu'une mise en jachère aurait permis de préserver.

Dans les régions semi-arides, la végétation sauvage de certaines **zones inexploitées** les protège de l'érosion et de l'assèchement.

La **mise en culture** et le déboisement de ces zones sauvages fragilisent les sols.

L'**intensification de l'agriculture** appauvrit la terre, qui est convertie en zone de pâturage.

LA STÉRILISATION DU SAHEL

La région du Sahel, qui s'étend du Sénégal au Soudan, est l'une des plus touchées par la désertification. La stérilisation de son sol est le résultat de l'agriculture intensive pratiquée depuis un demi-siècle. Traditionnellement, les pluies périodiques des moussons ❶ entretenaient dans la région une végétation sauvage ❷ qui protégeait la terre de la chaleur solaire et renvoyait l'humidité dans l'atmosphère, participant ainsi au cycle de l'eau. Dans les champs cultivés ❸, au contraire, les rayons solaires sont absorbés directement par le sol, ce qui cause son assèchement.

L'intensification de l'agriculture, due à la sédentarisation d'un grand nombre de nomades, a accru le phénomène. La disparition de la végétation sauvage favorise le passage de vents asséchants ❹ qui accentuent la stérilisation du sol ❺ et forment des dunes de sable ❻.

L'environnement

Le **vent** est dévié par la végétation sauvage qui fait obstacle au sable venant du désert avoisinant.

zone cultivée

village

vent asséchant

champ stérile

Les nomades devenant sédentaires dans le village, celui-ci se transforme en **ville**.

Devenue **stérile**, la terre est abandonnée par les agriculteurs.

En broutant les dernières traces de végétation, les animaux achèvent la **destruction du sol**.

Totalement asséchée et privée de végétation, la région atteint le dernier stade de la **désertification**.

Les déchets nucléaires
Une pollution à très long terme

L'industrie nucléaire, qui répond aux besoins énergétiques de nombreux pays, produit une grande variété de résidus radioactifs. Certains d'entre eux, comme l'uranium ou le thorium, mettront des millénaires à se décomposer en éléments stables. Autrefois rejetés directement dans l'océan, ces déchets extrêmement toxiques sont aujourd'hui stockés dans des récipients hermétiquement fermés et isolés. On ignore cependant si ces précautions seront suffisantes pour en garantir l'innocuité à long terme.

LES SITES CONTAMINÉS SUR TERRE

Malgré les précautions prises, plusieurs usines nucléaires ont connu des accidents majeurs. La contamination du site de Tchernobyl, en Ukraine, est telle qu'il restera inhabitable pendant de nombreuses années. Les essais menés par les puissances militaires nucléaires (États-Unis, URSS, France, Royaume-Uni, Chine, Inde) ont également condamné plusieurs sites, notamment dans l'océan Pacifique.

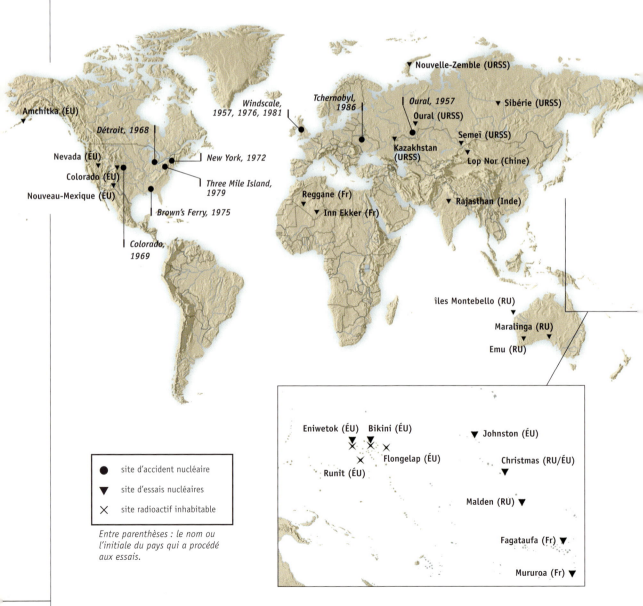

- ● site d'accident nucléaire
- ▼ site d'essais nucléaires
- ✕ site radioactif inhabitable

Entre parenthèses : le nom ou l'initiale du pays qui a procédé aux essais.

La pollution des chaînes alimentaires
Les effets des polluants sur les êtres vivants

Qu'ils soient rejetés dans l'eau, dans l'air ou dans le sol, les polluants ne tardent pas à se disperser dans l'écosystème. Tôt ou tard, ils rejoignent une chaîne alimentaire et se transmettent, d'espèce en espèce, jusqu'à l'homme.

RETOUR DE POLLUTION

Les produits polluants déversés par l'homme dans l'environnement se transmettent à l'eau et lui reviennent par plusieurs voies différentes : l'atmosphère (respiration), les végétaux et les animaux (alimentation) ainsi que l'eau courante.

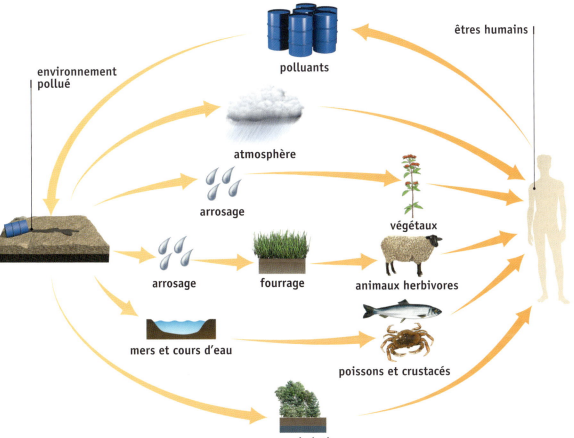

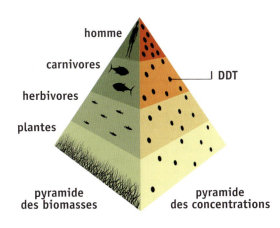

LA CONCENTRATION DE DDT DANS LES ORGANISMES

Le DDT, l'un des plus redoutables insecticides utilisés en agriculture, passe du sol aux végétaux, puis aux herbivores, aux carnivores et enfin aux superprédateurs. Alors que, dans la chaîne alimentaire, la biomasse diminue avec l'élévation, la quantité de DDT se transmet pratiquement sans pertes. Sa concentration s'accroît donc à chaque niveau trophique et les organismes situés au sommet de la chaîne (comme l'homme) en ont le taux le plus élevé. Le DDT, qui perturbe le système endocrinien et peut causer des cancers, est désormais interdit dans plusieurs pays.

Le tri sélectif des déchets
Extraire la matière recyclable des ordures

Alors que, dans les pays du tiers-monde, chaque personne rejette en moyenne 400 g de déchets par jour, cette quantité est de trois à quatre fois supérieure dans les pays industrialisés, et les ordures y sont aussi plus riches en matières non organiques. Répondant à des préoccupations écologiques et économiques, la plupart de ces pays favorisent aujourd'hui la collecte sélective et le recyclage des détritus par leurs législations. La première étape de ce processus consiste à trier les déchets, de façon manuelle puis automatisée, pour en sélectionner la matière recyclable.

LE TRI MANUEL DES MATIÈRES

Collectés de façon sélective, les déchets sont ensuite acheminés par camion ❶ jusqu'à un centre de tri, où ils sont déversés sur un tapis roulant ❷. Des employés ❸ retirent successivement les matières recyclables (métal, verre, plastique, papier) et les déposent dans des récipients spécifiques. Les rejets ❹ sont collectés séparément pour être expédiés vers un site d'enfouissement ou d'incinération.

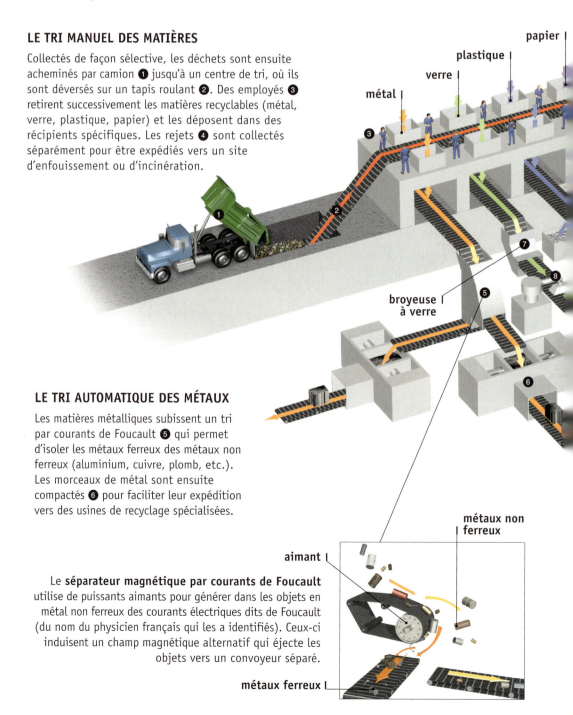

LE TRI AUTOMATIQUE DES MÉTAUX

Les matières métalliques subissent un tri par courants de Foucault ❺ qui permet d'isoler les métaux ferreux des métaux non ferreux (aluminium, cuivre, plomb, etc.). Les morceaux de métal sont ensuite compactés ❻ pour faciliter leur expédition vers des usines de recyclage spécialisées.

Le **séparateur magnétique par courants de Foucault** utilise de puissants aimants pour générer dans les objets en métal non ferreux des courants électriques dits de Foucault (du nom du physicien français qui les a identifiés). Ceux-ci induisent un champ magnétique alternatif qui éjecte les objets vers un convoyeur séparé.

L'**overband** se sert d'un aimant placé au-dessus du convoyeur pour attirer les particules ferreuses d'un mélange et les entraîner hors de la chaîne grâce à une bande d'évacuation. Lorsque l'attraction magnétique cesse, les objets tombent dans un récipient séparé. Ce système peut être placé à plusieurs étapes de la chaîne de tri.

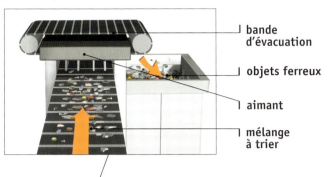

bande d'évacuation
objets ferreux
aimant
mélange à trier

LES SYMBOLES DU RECYCLAGE

Les produits contenant des matériaux recyclables sont désignés par un symbole spécifique. Un code numérique (de 1 à 7) placé au centre du symbole permet de différencier les matières plastiques, ce qui facilite leur tri manuel. Un autre symbole indique qu'un produit a été fabriqué à l'aide de matières recyclées.

produit à contenu recyclable   produit recyclé

LE TRI AUTOMATIQUE DU VERRE

Le verre est tout d'abord broyé ❼ et débarrassé des étiquettes de papier par un système de tri pneumatique ❽. Les fragments métalliques sont éliminés par tri ferromagnétique (overband) ❾ ou par séparateur à courants de Foucault, puis les morceaux de verre sont triés par couleurs (verres blanc, vert ou brun) grâce à un procédé opto-électronique ❿.

déchiqueteuse à plastiques

LE TRI DU PLASTIQUE

Les plastiques comprennent plusieurs types de matériaux synthétiques (PET, PVC, PS, PP). Ceux-ci doivent d'abord être triés manuellement, grâce à un système de codage ⓫. Les objets sont ensuite déchiquetés ⓬ en flocons puis empaquetés ⓭ pour être expédiés vers un centre de recyclage.

papiers
cartons

LE TRI DU PAPIER ET DU CARTON

On sépare le papier du carton par tri pneumatique (aspiration) ⓮ ou par un nouveau tri manuel, qui permet aussi de différencier plusieurs qualités de papier. Cartons ⓯ et papiers ⓰ sont ensuite mis en ballots séparément pour être expédiés vers leurs chaînes de recyclage respectives.

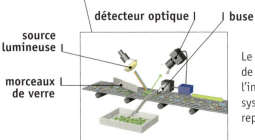

détecteur optique | buse
source lumineuse
morceaux de verre

Le **détecteur optique** détermine la couleur des morceaux de verre en évaluant la lumière qu'ils reflètent. Il transmet l'information à un centre de traitement qui commande un système de buses d'éjection pneumatique : un souffle d'air repousse le fragment vers un récipient.

Le recyclage

Une nouvelle vie pour les déchets

La plupart des déchets peuvent être recyclés, selon des processus spécifiques à chaque matière. Non seulement le recyclage entraîne-t-il des économies importantes en matières premières et en énergie, mais, dans certains cas (verre, aluminium), l'opération peut se répéter de nombreuses fois sans altération sensible de la qualité du produit fini.

LE RECYCLAGE DU PAPIER

Trempé dans l'eau, brassé et chauffé, le papier se transforme en pulpe ❶. Celle-ci est tamisée ❷ puis introduite dans une centrifugeuse ❸ qui en extrait l'encre et les impuretés (agrafes). Égouttée ❹ et pressée ❺, la pulpe redevient papier ❻.

LE RECYCLAGE DU CARTON

Plongé dans un bassin de trempage, le carton se change en pulpe ❶. La pâte obtenue est ensuite tamisée ❷ et passe directement dans une presse ❸ où elle se solidifie pour former de nouvelles plaques de carton ❹.

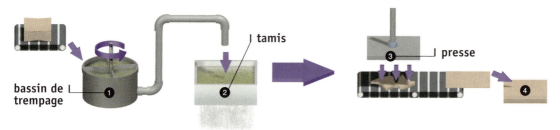

LE RECYCLAGE DU PLASTIQUE

Les flocons de plastique sont débarrassés de leurs impuretés métalliques par un traitement ferromagnétique (overband) ou par courants de Foucault ❶. Ils subissent un dernier tri par flottation ❷ (les matériaux les plus légers demeurant à la surface) avant d'être transformés en granulés par une extrudeuse ❸. Les granulés obtenus sont fondus dans un four de thermoformage ❹ et transformés en produits finis.

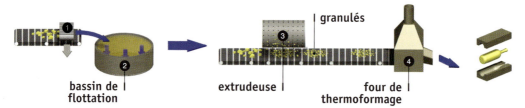

LE RECYCLAGE DU VERRE

Après avoir été débarrassé des impuretés par un tri opto-électronique ❶, le calcin (verre broyé finement) est mélangé à du sable, de la chaux et du carbonate de sodium ❷ puis fondu dans un four ❸. Le nouveau verre obtenu est alors moulé pour donner des produits finis ❹.

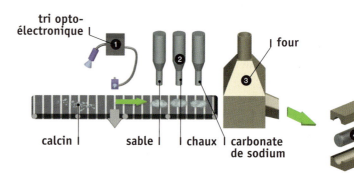

LE RECYCLAGE DES MÉTAUX

De tailles et de natures très diverses (boîtes de conserve, carrosseries automobiles, ferrailles), les pièces de métal à recycler sont d'abord déchiquetées par une broyeuse ❶. Les particules obtenues sont triées par un système magnétique ❷ puis parfois enrichies de matière première ❸. Le mélange est fondu dans un haut fourneau ❹ puis moulé en lingots ❺. Ceux-ci serviront à former les plaques de métal ❻ qui entreront dans la fabrication des produits finis ❼.

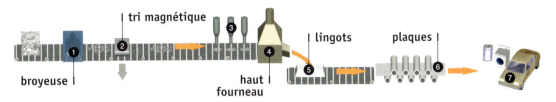

LE RECYCLAGE DU CAOUTCHOUC

Les vieux pneus sont déchiquetés par une broyeuse ❶ qui les transforme en poudre. Celle-ci subit un tri magnétique ❷ qui élimine les impuretés métalliques. On ajoute ensuite à la poudre des matières synthétiques, comme du polyuréthane ❸, avant de la mouler pour produire des revêtements de sol, des panneaux d'insonorisation et des pneus pleins ❹.

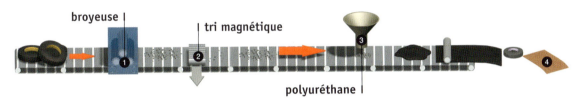

LE COMPOSTAGE

Le compostage est un processus lent (plusieurs mois) qui décompose naturellement les déchets organiques. Les matières sont d'abord triées manuellement ❶ pour s'assurer qu'elles sont compostables, puis broyées ❷ et triées mécaniquement ❸. Elles sont ensuite séchées ❹ et enrichies de matières ligneuses ❺ (copeaux de bois, sciure) qui facilitent le processus de décomposition. Introduit dans un silo ❻, le mélange subit une fermentation aérobie grâce au contrôle des conditions de température, d'humidité, d'acidité et d'aération. Le produit final de ce processus, le compost ❼, est utilisé comme engrais naturel.

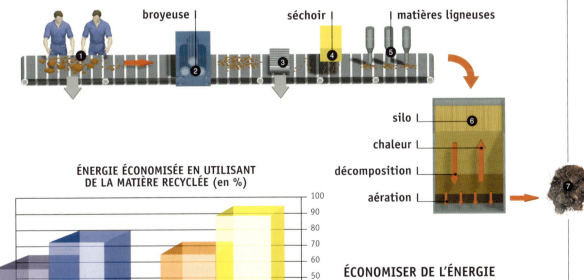

ÉCONOMISER DE L'ÉNERGIE

Parmi les avantages du recyclage figure l'économie d'énergie : le recyclage des déchets est souvent beaucoup moins énergivore que la production à partir de matière première.

L'environnement

Glossaire

anaérobie
Qui peut se développer en l'absence d'air ou d'oxygène libre (par opposition à aérobie).

angle d'incidence
Angle que fait un rayon avec la surface qu'il rencontre.

austral
Relatif à l'hémisphère Sud.

bassin fluvial
Territoire drainé par un fleuve et par ses affluents.

biogéochimique (cycle)
Cycle qu'un élément chimique effectue dans la biosphère.

biomasse
Masse totale de la matière organique (animaux, végétaux et micro-organismes vivants ou morts) présente dans un milieu donné.

boréal
Relatif à l'hémisphère Nord.

boues
Résidus semi-solides résultant des différents traitements d'épuration de l'eau.

calotte glaciaire
Ensemble des territoires couverts de glaces des régions polaires, en particulier dans l'Antarctique et au Groenland.

carbonifère
Période de l'ère primaire, comprise entre 360 et 295 millions d'années.

chaleur latente
Chaleur absorbée ou libérée par une substance lorsqu'elle change d'état. L'eau qui s'évapore emmagasine de la chaleur latente. En se condensant, la vapeur d'eau dégage cette chaleur dans l'atmosphère environnante.

charge électrique
Quantité d'électricité portée par un corps.

chimiosynthèse
Synthèse chimique de substances organiques par certaines bactéries, généralement dans le sol ou dans les eaux très profondes. Ces micro-organismes génèrent des réactions d'oxydation dans le milieu qui les entoure, ce qui leur permet d'absorber les matières minérales dont ils ont besoin.

chlorophylle
Substance verte présente dans la plupart des plantes et qui permet la photosynthèse.

chlorophyllien
Qui contient de la chlorophylle.

convection
Mouvement ascendant d'un fluide provoqué par une différence de température.

cristal
Corps solide dont la structure atomique adopte une forme géométrique ordonnée et bien définie.

DDT
Dichlorodiphényltrichloréthane. Puissant insecticide utilisé dans l'agriculture et contre les insectes vecteurs de certaines maladies (malaria).

dégazage
Élimination des hydrocarbures gazeux subsistant dans les cales d'un pétrolier, réalisée à l'aide des eaux de lavage.

dénitrification
Transformation de nitrates en azote gazeux moléculaire par l'action de bactéries spécifiques.

déplétion
Diminution progressive d'une substance causée par son exploitation excessive.

désinfection
Destruction de micro-organismes pathogènes à l'aide d'un agent physique ou chimique.

DMSP
Defense Meteorological Satellite Program (Programme militaire de satellite météorologique).

énergie cinétique
Énergie que possède tout corps en mouvement.

engrais
Produit organique ou minéral que l'on introduit dans le sol pour le fertiliser.

équateur
Ligne imaginaire qui encercle la Terre à mi-chemin des pôles.

force centrifuge
Force d'inertie qui tend à éloigner du centre.

forêt mixte
Forêt composée de feuillus et de conifères.

fusion
Passage d'un corps de l'état solide à l'état liquide.

fusion nucléaire
Union de plusieurs atomes en un atome plus lourd. Cette réaction, qui se produit à très haute température, génère une grande quantité d'énergie.

gaz carbonique
Dioxyde de carbone.

gélifraction
Fragmentation de roches causée par la force qu'exerce l'eau qu'elles contiennent en gelant (le volume de l'eau gelée est supérieur de 9 % environ à celui de l'eau liquide).

GOES
Geostationary Orbiting Environmental Satellite (Satellite d'observation de l'environnement à orbite géostationnaire).

goudron
Substance résultant de la distillation de certaines matières organiques.

gravité
Attraction exercée par la Terre.

halo
Cercle lumineux qui apparaît parfois autour du Soleil ou de la Lune. Il provient de la réfraction de la lumière par les cristaux de glace en suspension dans l'atmosphère ou dans les nuages de haute altitude.

humus
Partie superficielle d'un sol, constituée de substances résultant de la décomposition de matières organiques.

hydrocarbure
Corps dont les molécules sont constituées uniquement de carbone et d'hydrogène, comme le méthane (CH_4), le benzène (C_6H_6) ou l'éthylène ($CH_2=CH_2$).

Glossaire

infrarouge (rayon)
Rayonnement électromagnétique, dont la longueur d'onde est comprise entre celle de la lumière visible et celle des micro-ondes.

ionisé
Qui contient des ions (atomes ou molécules portant une charge électrique positive ou négative).

jachère
Terre laissée temporairement sans culture, afin que le sol retrouve sa fertilité.

lichen
Végétal composite formé par l'association symbiotique d'un champignon et d'une algue microscopique et qui vit le plus souvent accroché à un arbre ou un rocher.

longueur d'onde
Distance entre deux crêtes successives d'une onde.

météore
Tout phénomène observable dans l'atmosphère, à l'exception des nuages.

micro-onde
Onde électromagnétique dont la fréquence est supérieure à 1 000 MHz (gamme des hyperfréquences).

nappe phréatique
Nappe d'eau souterraine, résultant de l'infiltration des eaux de pluie, qui imprègne la roche.

nébulosité
Couverture nuageuse à un moment donné, au-dessus d'une station météorologique. Elle s'exprime par une fraction de la voûte céleste.

nitrate
Sel de l'acide nitrique. Les nitrates se présentent comme des solides cristallisés.

NOAA
National Oceanographic and Atmospheric Administration (Administration nationale océanographique et atmosphérique). Organisme public américain chargé d'observer et d'étudier les océans et l'atmosphère terrestre.

oasis
Région rendue fertile par la présence d'eau, au milieu d'un désert.

orbite
Trajectoire d'un satellite autour de la Terre.

organique
Relatif aux êtres vivants et aux matières qui en dérivent.

organochloré
Désigne un produit organique de synthèse qui contient du chlore.

pâturage
Terrain où le bétail peut paître.

percolation
Lent mouvement des eaux de pluie descendant dans le sol.

PET
Polyéthylène téréphtalate.

pôle
Chacun des deux points (pôle Nord et pôle Sud) de la surface terrestre par lesquels passe l'axe de rotation de la Terre.

PP
Polypropylène.

prisme
Polyèdre à base triangulaire qui décompose la lumière en déviant ses rayons.

protéine
Molécule organique formée par l'assemblage de nombreux acides aminés.

PS
Polystyrène.

PVC
Chlorure de polyvinyle.

pyrite
Sulfure de fer de formule FeS_2.

rayonnement électromagnétique
Émission ou propagation d'énergie sous la forme d'ondes ou de particules électromagnétiques.

réflexion
Changement de direction d'un rayon lorsqu'il rencontre un corps ou une surface.

réfraction
Déviation d'un rayon lorsqu'il change de milieu de propagation.

roche mère
Roche à partir de laquelle se forme un sol et qui demeure intacte en profondeur.

saturnisme
Intoxication au plomb.

sens horaire
Sens des aiguilles d'une montre (opposé au sens anti-horaire).

spectre électromagnétique
Ensemble de radiations électromagnétiques.

steppe
Type de végétation herbacée de petite taille, adaptée à la sécheresse, qui se présente sous la forme d'un tapis discontinu.

surfusion
État d'un corps qui reste liquide à une température inférieure à celle de la congélation.

taïga
Forêt de conifères qui couvre les régions à hivers longs et froids et à étés courts, au nord de l'Eurasie et de l'Amérique du Nord. La taïga sépare la toundra au nord de la forêt mixte au sud.

tempête
Perturbation atmosphérique associée à une dépression, se caractérisant par des vents violents et de fortes précipitations.

thermopile
Série de thermocouples (circuits électriques formés de deux métaux dont les soudures permettent de convertir les différences de température en force électrique).

tropiques
Parallèles terrestres situés à 26° 23' de latitude Nord (tropique du Cancer) et Sud (tropique du Capricorne). Ils correspondent aux latitudes auxquelles le Soleil apparaît à son zénith aux solstices.

turbulences
Agitations irrégulières d'un fluide.

ultraviolet (rayon)
Rayonnement électromagnétique invisible, dont la longueur d'onde est comprise entre celle de la lumière et celle des rayons X.

Index

A

abri de Stevenson 51
ACIDE, PLUIE 103, 104, **106**
adiabatique, vent 18
adret 77
Afrique 99
agriculture 97, 102, 109, 115, 116
air 8, 10, 12, 26
air instable 39
air saturé 26
Alaska 98
algue 110
algue bleu-vert 95
alizés 16, 44, 47, 73, 78
Alpes 76
altocumulus 31, 39, 63
altostratus 31, 63
Amazonie 73
Amérique du Nord 77, 104
Amérique du Sud 78, 80
ammonium 95
anémomètre 18, 51
animal 86, 89, 93, 94, 119
Antarctique 18, 74, 101
anticyclone 11, 14, 62, 70
Antilles 98
aphélie 66
Aral, mer d' 116
arc de retour 41
ARC-EN-CIEL **37**
argile 89
Asie du Sud-Est 78
Atacama, désert d' 69, 71
ATMOSPHÈRE **8**, 84, 90, 92, 95, 102, 104, 106
automne 67, 76
averse 34, 39
AZOTE 8, **94**

B

bactérie 89, 95, 110, 112
BALLON-SONDE **54**
Bangladesh 22, 33, 45, 99
banquise 74, 99
barkhane 70
barographe 51
baromètre 10, 51
biocénose 86
biome 85
BIOSPHÈRE **84**
biotope 86
bora 18
boues [G] 112
BPC 115
brise 19
BROUILLARD **36**, 63
bruine 34, 63
brume 36

C

calcaire 89, 92, 106
calotte glaciaire [G] 74
canopée 72
caoutchouc 123
CARBONE **92**
carbonique, gaz [G] 8, 92, 97, 104, 106
carnivore 87, 94
CARTE MÉTÉOROLOGIQUE **60**, **62**
catabatique, vent 18
cellule de Ferrel 16
cellule de Hadley 16
cellule de Walker 78
cellule polaire 16
Celsius, Anders 52
cercle polaire 74
CFC 97, 101, 103, 104
chaîne alimentaire 87, 93, 94, 119
chaleur 53, 72, 96
chaleur latente [G] 43
charbon 93, 97
Cherrapunji 69, 73
chinook 18
chlore 101, 113
chlorophyllienne, plante [G] 86, 92
choléra 111
ciel 9, 37
cirrocumulus 31, 63
cirrostratus 31, 63
cirrus 31, 39, 44, 63
CLIMATS **68**, 98
climat de montagnes 68, 77
CLIMAT DÉSERTIQUE 68, **70**
CLIMAT POLAIRE 68, **74**
CLIMAT TEMPÉRÉ 68, **76**
CLIMAT TROPICAL 68, **72**
climatogramme 68
coalescence 32
combustible fossile 93
compost 123
condensation 26, 28
Congo 73
consommateur 87
convection [G] 28
Coriolis, force de 14
COUCHE D'OZONE 9, **100**, 104
courant de Foucault 120, 122
courant-jet 16
cristal de glace 33, 35, 36, 38
cumulo-nimbus 9, 12, 30, 33, 34, 39, 63
cumulus 28, 30, 38, 63
CYCLE DE L'EAU **90**
CYCLONE **42**, **44**, **46**, 63, 99

D

DDT [G] 119
DÉCHETS 108, 114, **120**, 122
décomposeur 87
déforestation 102
dépression 11, 13, 14, 42, 46
dérive nord-atlantique 77
DÉSERT **70**, 85, 116
DÉSERTIFICATION **116**
diffusiomètre 59
dioxyde de soufre 106
DMSP [G] 58
Doppler, effet 55
dune 70, 117
dystrophisation 110

E

EAU 26, 28, 52, 71, 84, **90**, 106, **108**, **110**, 112
eau potable 111
EAUX USÉES **112**
ébullition 53
échelle de Beaufort 18
échelle de Dobson 101
échelle de Fujita 23
échelle Saffir-Simpson 47
ÉCLAIR 39, **40**, 53
ÉCOSYSTÈME **86**, 88, 119
EFFET DE SERRE **96**, 98, 103
effet Doppler 55
égout 108, 112
El Azizia 52, 69
EL NIÑO **78**, **80**
énergie 86, 123
enfouissement 114
engrais [G] 109, 115, 123
ensoleillement 50, 66, 72, 74, 76
épiphyte 72
équateur [G] 70, 72
équateur thermique 69
équatoriale, forêt 72
équinoxe 67
erg 71
été 66, 76
Europe 77, 99, 104
évaporation 26, 90, 92
Everest, mont 8, 10, 85
exosphère 9

F

Fahrenheit, Daniel 52
fer 53
flocon de neige 33, 35
Floride 22, 46, 98
fœhn 18
force de Coriolis 14
forêt équatoriale 72

fosse des Mariannes 85
fosse septique 109, 112
FOUDRE **40**
front 12, 29, 62

G

gaz 96, 102, 104
gaz carbonique [G] 8, 92, 97, 104, 106
géostationnaire, orbite 57
girouette 51
givre 36, 61
glace 26
Gobi, désert de 70
GOES [G] 57
goutte de pluie 32, 37
gradient de pression 14
Grand Bassin 70
Grand Désert de sable 70
Grande Barrière de corail 99
grêle 33, 63
grésil 34, 63
Groenland 74
Gulf Stream 77, 99

H

héliographe 50
Helsinki 67, 74
hémisphères 66
herbivore 87, 94
hiver 67, 76
horizon (du sol) 89
Howard, Luke 30
Hudson, baie d' 74
HUMIDITÉ **26**, 28, 51, 72
humus [G] 89
hydrocarbure [G] 108, 111
hydrosphère 84
hygrographe 51

I

image composite 56
imageur 57
Inde 73
Indonésie 73, 78
industrielle, pollution 103, 104, 108, 115
infrarouge, rayonnement [G] 56, 96
instabilité de l'air 39
INSTRUMENT DE MESURE MÉTÉOROLOGIQUE **50**
isobare 14, 63
isotherme 53

K

Kalahari 70
Karakoum 71, 116
Kelvin 52

Les termes en MAJUSCULES et la pagination en **caractères gras** renvoient à une entrée principale. Le symbole [G] indique une entrée de glossaire.

Index

L

lac 106, 110
LA NIÑA **78**, **80**
latitude 67
Le Caire 67
limon 89
lithosphère 84
Londres 105
Los Angeles 105

M

magnétomètre 57
marée de tempête 45, 47
marée noire 108, 111
MASSE D'AIR **12**
Méditerranée, mer 58, 111
mercure 115
mésocyclone 21, 55
mésosphère 9
métaux 103, 108, 120, 123
météore [G] 63
MÉTÉOROLOGIE **50**
MÉTÉOROLOGIQUE, CARTE **60**, **62**
météorologique, prévision 61
MÉTÉOROLOGIQUE, SATELLITE **56**, **58**
météorologique, station 50, 54, 62
météorologique, symbole 63
Météosat 27, 57
méthane 97, 102, 113
Metop 59
micro-organisme 86, 89, 95
mistral 18
mollisol 75
Mongolie 71
monoxyde de carbone 102
montagnes, climat de 77
Montréal 67
mousson 73, 78, 117
mur du cyclone 44

N

Namib 71
nappe phréatique [G] 90, 107, 108, 115, 119
nébulosité [G] 63
Nefoud 71
NEIGE 33, **34**, 50, 63, 75
Nil 99
nimbo-stratus 31, 34, 63
nitrate [G] 95, 110, 113, 115
niveau de condensation 28
niveau de la mer 98
niveau trophique 87
nivomètre 50
noyau de condensation 28

NUAGE 27, **28**, **30**, 32, 41, 63, 90, 96
nuage annulaire 20
nuage de front 12, 29
nuage orographique 29
NUCLÉAIRES, DÉCHETS 108, **118**

O

oasis [G] 71
occlusion 12
océan 42, 90, 108
océan Pacifique 15, 78, 80, 98, 118
œil du cyclone 44
Oklahoma 20, 22
ORAGE **38**, **40**, 63
orbite [G] 57, 58
Organisation météorologique mondiale 47, 50, 57, 58
oroshi 18
oued 71
ouragan 19, 42
overband 121
oxyde de diazote 97, 102
oxydes d'azote 102, 106
OXYGÈNE 8, **92**, 100
OZONE **100**, 102

P

Pacifique, océan 15, 78, 80, 98, 118
panneau solaire 57, 58
papier 120, 122
Patagonie 70
pédogenèse 88
pergélisol 75, 99
périhélie 67
pétrole 93, 108, 111
pH 106
phosphate 94, 110, 113, 115
PHOSPHORE **94**
photosynthèse 92
phréatique, nappe [G] 90, 107, 108, 115, 119
plastique 120, 122
plomb 53, 114
pluie 32, 34, 50, 63
pluie verglaçante 34, 63
PLUIE ACIDE 103, **104**, **106**
pluviographe 50
pluviomètre 50
point de rosée 26, 28, 36, 63
polaire, climat 74
polaire, orbite 58
pôle [G] 74
POLLUTION ATMOSPHÉRIQUE **102**, **104**, 106
POLLUTION DE LA CHAÎNE ALIMENTAIRE **119**
POLLUTION DE L'EAU 108, **110**, 112
POLLUTION DES SOLS **114**
PRÉCIPITATIONS 32, **34**, 50, 63, 69, 90, 107
précurseur 41
PRESSION ATMOSPHÉRIQUE **10**, 12, 14, 42, 51, 63, 69
prévision météorologique 61
printemps 67, 76
producteur 87
psychromètre 51
pyranomètre 50
pyrite [G] 109

R

racine 91, 95
RADAR **55**
radiomètre 57, 58
radiosonde 54
rayonnement solaire 8, 66, 90, 96, 99
RÉCHAUFFEMENT GLOBAL **98**
RECYCLAGE 121, **122**
réflexion [G] 37
réfraction [G] 37
régolite 88
reg 70
respiration 92
roche mère [G] 89
ROSÉE **36**
Rossby, onde de 17

S

sable 70, 89
Sahara 56, 70, 116
Sahel 71, 117
SAISON **66**, 76
salinisation 115
SATELLITE À DÉFILEMENT **58**
SATELLITE GÉOSTATIONNAIRE **56**
saturation de l'air 26
savane 73, 85
sebkha 71
sécheresse 70
sel 115
Singapour 105
smog 102, 105
SOL 72, 75, **88**, 94, **114**, 116
Soleil 37, 53, 66
Soleil de minuit 74
solstice 66
sondeur 57, 59
spectre visible 37
station météorologique 50, 54, 62
steppe [G] 70

strato-cumulus 31, 63
stratosphère 9, 100
stratus 31, 34, 63
superprédateur 87
synoptique, carte 60

T

taïga [G] 75
Tchernobyl 118
TEMPÉRATURE 51, **52**, 69, 74, 96, 98
TEMPÉRÉ, CLIMAT **76**
tempête [G] 19
tempête tropicale 42, 46
Terra 59
Thar 71
thermocline 78
thermomètre 51, 52
thermosphère 9
TIROS 58
TONNERRE **40**
TOPEX-Poseidon 80
TORNADE **20**, **22**, 55, 63
toundra 75, 85, 99
tourbe 89
transpiration 91
TRI SÉLECTIF **120**
trombe marine 20
TROPICAL, CLIMAT **72**
tropique [G] 70
tropopause 9, 96
troposphère 9
turbulence [G] 61
typhon 42, 69

UVW

ubac 77
ultraviolet, rayon [G] 100
vapeur d'eau 26, 28, 90, 92, 96
végétal 86, 91, 94, 95, 107, 115
véhicule à moteur 97, 103, 104, 106
VENT **14**, **16**, **18**, 20, 39, 47, 51, 63, 69, 104, 117
vents convergents 43
verglas 34
verre 120, 122
Vésuve 59
vie 84, 88
Vostok 52, 69
Washington, mont 18, 68
williwaw 18

Z

zéro absolu 52
zone de convergence intertropicale 73

Les termes en MAJUSCULES et la pagination en **caractères gras** renvoient à une entrée principale. Le symbole [G] indique une entrée de glossaire.

Crédits photographiques

L'atmosphère terrestre

page 15
Vents : Sharron Sample, Chief Information Officer, Earth Science Enterprise, NASA. Courtoisie de NASA.

page 17
Courant-jet : Calvin J. Hamilton, Views of the Solar System. Courtoisie de NASA.

page 22
Tornade : AFP/CORBIS/Magma.

Les précipitations

page 27
Vapeur d'eau : Zoë Hall, Eumetsat User Service, © Eumetsat 2001.

Nuages : Zoë Hall, Eumetsat User Service, © Eumetsat 2001.

page 43
Cyclone : Bert Ulrich, Public Services Division, Nasa Headquarters. Courtoisie de NASA.

La météorologie

page 55
Image radar : Frédéric Fabry, Observatoire radar de l'université McGill de Montréal.

page 56
Images satellite (visible, infrarouge, vapeur d'eau) : Zoë Hall, Eumetsat User Service, © Eumetsat 2001.

page 56
Image composite : Zoë Hall, Eumetsat User Service, © Eumetsat 2001.

page 58
Tempête en Méditerranée : Image et traitement des données par le National Geophysical Data Center de NOAA.

Température des mers : Courtoisie de NOAA.

page 59
Vésuve : Courtoisie de NASA/GSFC/MITI/ERSDAC/JAROS, et U.S./Japan ASTER Science Team.

page 61
Turbulences : Pierre Tourigny, Service météorologique du Canada. Image reproduite avec la permission du ministre des Travaux publics et Services gouvernementaux du Canada, 2001.

Les climats

page 73
Baobab : Papilio/CORBIS/Magma.

page 77
Vignobles : Charles O'Rear/CORBIS/Magma.

Forêt boréale : Raymond Gehman/CORBIS/Magma.

L'environnement

page 105
Smog : Dean Conger/CORBIS/Magma.

page 106
Corrosion : Ecoscene/CORBIS/Magma.

page 111
Marée noire : Ecoscene/CORBIS/Magma.